Buracos negros

André Landulfo
George Matsas
Daniel Vanzella

Buracos negros

Rompendo os limites da ficção

Direitos de publicação reservados à:

Fundação Editora da Unesp (FEU)
Praça da Sé, 108
01001-900 – São Paulo – SP
Tel.: (0xx11) 3242-7171
Fax: (0xx11) 3242-7172
www.editoraunesp.com.br
www.livrariaunesp.com.br
atendimento.editora@unesp.br

Dados Internacionais de Catalogação na Publicação (CIP) de acordo com ISBD
Elaborado por Vagner Rodolfo da Silva - CRB-8/9410

L264b

Landulfo, André
Buracos negros: rompendo os limites da ficção / André Landulfo, George Matsas, Daniel Vanzella. – São Paulo: Editora Unesp, 2021.

Inclui bibliografia.
ISBN: 978-65-5711-007-2

1. Astronomia. 2. Buracos negros. 3. Estrelas. 4. Universo. 5. Singularidades físicas. 6. Óptica. 7. Física. 8. Magnetismo. 9. Eletricidade. 10. Teoria da relatividade. 11. Ondas gravitacionais. I. Matsas, George. II. Vanzella, Daniel. III. Título.

2021-294 CDD: 523
CDU: 524.88

Editora afiliada:

Sumário

7 . Preâmbulo

9 . 1 – O que são buracos negros?
11 . 2 – A primeira síntese: do céu e da Terra
19 . 3 – Estrelas escuras: prenúncios de uma revelação
25 . 4 – A segunda síntese: da eletricidade, do magnetismo e da ótica
31 . 5 – A terceira síntese: do espaço e do tempo
37 . 6 – A quarta síntese: do espaço-tempo e da gravitação
45 . 7 – Buracos negros: um oficial alemão no *front* russo
51 . 8 – Anos difíceis: incompreendidos e desprezados
57 . 9 – A vida começa aos cinquenta: a década de ouro
63 . 10 – Buracos negros: nascendo das cinzas
67 . 11 – Evidências circunstanciais: a verdade está lá fora
73 . 12 – Ver para crer: observando o "inobservável"
77 . 13 – Por quem os sinos dobram: buracos negros e ondas gravitacionais
83 . 14 – Surpresas de um sexagenário: buracos negros não são negros

93 . 15 – Octogenário no banco dos réus:
desacato à "lei da conservação de informação"
97 . 16 – A quinta síntese: sinfonia inacabada e buracos negros
101 . Glossário
105 . Sobre os autores

Preâmbulo

O céu é fascinante pelo que vemos, e ainda mais extraordinário pelo que esconde. Os buracos negros são um verdadeiro épico da física teórica. Vieram à luz durante a Primeira Guerra Mundial por meio da pena de um soldado alemão servindo no *front* russo que morreu meses depois na Alemanha, onde seus manuscritos foram publicados. Os buracos negros estavam codificados em seus resultados, mas ainda levaria meio século até começarem a ser entendidos e aceitos. Hoje eles são coqueluche na astrofísica, fonte de mistérios para físicos teóricos e arquétipo no imaginário popular.

Buracos negros são realmente extravagantes. Podem concentrar a energia equivalente a bilhões de estrelas e dominar a cena no centro das galáxias. Ao mesmo tempo, feitos de pura *gravidade*, são entidades muito simples. Tão simples que só podem se comparar a partículas elementares. Ainda assim, no interior de seus domínios, protegem dos olhos curiosos dos cientistas as *singularidades*, verdadeiros abismos espaçotemporais, muito além de nossa compreensão atual. Decifrá-las pode revolucionar nossa própria visão de mundo.

Mas nem tudo é *glamour* na saga protagonizada por estes objetos. Atualmente, os buracos negros foram colocados no banco dos réus, acusados por alguns de violarem a *lei da conservação de informação*. O júri continua deliberando e, com ele, vamos analisar estes entes de invulgar estranheza. Por mais exóticas que sejam nossas conclusões, que fique registrado estarem nossas afirmações baseadas em teorias físicas matematicamente precisas e testadas. A ciência moderna nos descortinou uma realidade que supera a própria ficção.

I

O QUE SÃO BURACOS NEGROS?

Responder a essa pergunta já nas primeiras linhas deste livro pode parecer uma péssima estratégia de *marketing*, como arruinar o suspense de um romance policial revelando a autoria dos crimes logo no início. No entanto, no caso de buracos negros, uma primeira resposta não só em nada estraga a real "trama", como ajuda em nossa busca pela compreensão plena destes corpos celestes (tão plena quanto possível na ausência de fórmulas matemáticas).

Buraco negro[1] é o nome dado a uma região do espaço em que a atração gravitacional é tão intensa, devido ao acúmulo excessivo de matéria e energia, que nada consegue escapar de seu interior (nem mesmo a luz; daí seu sugestivo nome). A superfície imaginária e imaterial que delimita tal região é chamada de horizonte de eventos; assim como um marinheiro não consegue enxergar para além da linha do horizonte, um observador externo ao buraco negro não consegue enxergar eventos, nem obter nenhuma informação sobre eles, que ocorram além dessa fronteira imaginária.

1 Os termos presentes no "Glossário" estão destacados em negrito. (N. E.)

Essa resposta, a princípio simples, capta de maneira relativamente precisa a essência dos buracos negros. O leitor poderia, então, se questionar acerca da razão de tais objetos exercerem tamanho fascínio sobre os físicos e terem se transformado em arquétipo popular. O que de tão interessante, extraordinário e exótico têm esses objetos e qual sua relevância para o nosso entendimento da natureza? Embora descrever de maneira sucinta a principal característica de um buraco negro tenha tomado menos de dez linhas, toda a "trama" deste livro se desenrola na tentativa de responder adequadamente a esta última pergunta. Para que o leitor tenha chance de apreender as curiosas propriedades que uma região com tamanha atração gravitacional possui e suas consequências, é necessário que o guiemos através das principais revoluções ocorridas em nossa compreensão da natureza. Revoluções que deitaram os céus por terra, que abalaram a percepção de tempo e espaço e que alteraram o entendimento dos constituintes mais básicos do universo e de seu comportamento. Em suma, o leitor será conduzido através de um resumo do épico da busca humana pela compreensão do universo que nos cerca. Pedimos paciência se, em partes do livro (principalmente nos primeiros capítulos), o foco parecer ter se desviado do tema principal; estaremos apenas preparando o terreno para que a ideia de buracos negros possa ser assimilada. A paciência será recompensada e, ao final, comprovaremos que os buracos negros ainda podem encerrar a chave para o mais antigo dos mistérios: a origem do universo.

2
A primeira síntese: do céu e da Terra

Vimos no capítulo anterior que a principal característica que define um buraco negro é a sua intensa atração gravitacional. Por isso, nossa jornada em busca da compreensão desses exóticos objetos começa com as primeiras tentativas de se entender uma das interações fundamentais da natureza: a *gravidade*. Nosso ponto de partida situa-se no alvorecer da civilização ocidental, na Grécia Antiga.

A primeira tentativa de se explicar a tendência de os corpos materiais serem atraídos em direção ao solo parece ter sido dada pelo filósofo grego Aristóteles (384-322 a.C.). Segundo a concepção da época, substâncias seriam compostas por combinações em diferentes proporções dos quatro elementos básicos: terra, fogo, água e ar. Objetos materiais seriam constituídos principalmente pelo elemento terra, que, segundo Aristóteles, possuía a "tendência natural" de ocupar o centro do universo, razão pela qual considerava que o planeta Terra ocupava essa posição. Assim, uma pedra, por exemplo, seria impelida a ocupar seu lugar natural até que algo, como o chão, a impedisse de continuar. Além disso, quanto mais pesado fosse o objeto material, maior seria sua tendência de ocupar o centro do universo e mais rápida seria sua queda.

Essa maneira de explicar a gravidade respeitava a dicotomia existente na época entre os fenômenos terrestres (ou terrenos, mundanos) e os celestes (ou celestiais, sagrados). Enquanto uma pedra procurava ocupar seu lugar natural no centro do universo, os objetos celestes, como a Lua, permaneciam dando voltas em torno da Terra a uma distância aproximadamente constante. Era evidente que quaisquer que fossem as causas desses movimentos, elas deveriam ser completamente distintas. As leis que regiam os fenômenos terrestres simplesmente não eram aplicáveis àqueles que se desenrolavam no céu.

Devido a uma série de conjunturas históricas, essa visão de mundo, junto a outras genericamente denominadas *aristotélicas*, foi revivida e acabou dominando o pensamento ocidental até os últimos séculos da Idade Média. Graças em grande parte à reinterpretação de sua filosofia feita pelo frade dominicano e teólogo italiano São Tomás de Aquino (1225-1274), os trabalhos de Aristóteles ganharam espaço numa época em que a educação era atrelada à religião. A ideia de que a Terra ocupava o centro do universo se transformou até mesmo num dogma sustentado pela Igreja Católica, apesar do silêncio dos textos sagrados acerca de tal fato.

Porém, o acúmulo e melhoria das observações dos movimentos dos planetas, do Sol e da Lua tornavam cada vez mais difícil sustentar a visão geocêntrica. Ao longo dos séculos XVI e XVII, com os escritos do astrônomo polonês Nicolau Copérnico

(1473-1543), as observações precisas do astrônomo dinamarquês Tycho Brahe (1546-1601) e a síntese dessas observações feita pelo astrônomo alemão Johannes Kepler (1571-1630) nas suas três leis do movimento planetário, a Terra foi gradualmente retirada de sua posição de prestígio no centro do universo e passou a ser vista como mais um planeta em órbita ao redor do Sol. A organização do céu estava passando por uma reviravolta. Porém, uma revolução ainda mais profunda estava por ocorrer.

Em 1590, o astrônomo, físico e matemático italiano Galileu Galilei (1564-1642), em sua obra *De motu*, publicou o resultado de suas observações acerca do movimento de corpos em queda. Nele, Galilei discorda de Aristóteles no que diz respeito a corpos mais pesados caírem mais rápido que os mais leves. O tempo de queda de uma bala de canhão de 200 libras de massa e o de uma bala de mosquete de meia libra, largadas em repouso de uma mesma altura, eram muito próximos, e a eventual diferença, argumentou Galilei, se devia a efeitos espúrios, como a resistência provocada pelo ar, e não à tendência de corpos mais pesados caírem mais rápido. Numa experiência ideal, na ausência de ar, uma pena e um martelo deveriam cair com exatamente a mesma rapidez.[1]

Nessa mesma obra, Galilei refuta outra ideia de Aristóteles. O italiano introduz o conceito de inércia, segundo o qual

1 Em 1971, durante a missão da Apollo 15, na Lua, o astronauta David Scott realizou esse experimento demonstrando que, de fato, a pena e o martelo, soltos de uma mesma altura e no mesmo instante, chegam juntos ao solo. A filmagem desse experimento é facilmente encontrada na internet.

a tendência natural de todos os corpos é de permanecer em repouso ou manter seu estado de movimento uniforme, ou seja, retilíneo e com velocidade constante, a menos que algum agente externo interceda. Essa ideia contrastava com a de Aristóteles, para quem todos os corpos possuíam a tendência natural de atingir o repouso a menos que algo os mantivesse em movimento. Assim, para Galilei, ao se rolar uma bala de canhão horizontalmente pelo chão sua tendência natural é manter uma velocidade constante, mas a ação do atrito com o chão (agente externo) faz que, gradualmente, sua velocidade diminua até que a bala pare. Para Aristóteles, a explicação do mesmo fenômeno seria diferente: a bala de canhão para simplesmente porque, cessada a causa que a fez se mover, sua tendência natural é atingir o repouso. Embora possa parecer que ambas as explicações sejam igualmente boas, diferindo entre si apenas num nível filosófico, Galilei mostrou através de experiências que, quanto menor o atrito, menos a velocidade da bala se alterava, de maneira que numa situação ideal em que o atrito (agente externo) fosse completamente eliminado, a bala continuaria em movimento uniforme; não existia nenhuma "tendência natural" da bala atingir o repouso como Aristóteles acreditava.

Essa mudança de ponto de vista, aparentemente inofensiva, transformaria nossa maneira de encarar o fenômeno do *movimento*. Para Aristóteles, repouso e movimento eram conceitos absolutos; havia uma clara maneira de distingui-los: repouso era o estado ao qual todos os corpos tendiam na ausência de agentes impulsionadores. Como os corpos na superfície da Terra pareciam ter a tendência de ficar em repouso sobre ela, concluía-se que a própria Terra deveria estar nesse estado de repouso absoluto, em acordo com o modelo geocêntrico de mundo. Mas com o conceito de inércia, Galilei percebeu que repouso e movimento são, na verdade, conceitos relativos, desprovidos de sentido a menos que se especifique um referencial em relação ao qual se possa inferir o movimento ou o repouso de um objeto. Podemos entender isso com um exemplo. Um passageiro sentado numa cadeira na cabine de um grande navio, navegando em movimento uniforme em águas calmas, estaria em movimento em relação ao porto de onde partiu, mas estaria em repouso em relação ao próprio navio. Mais importante: todos os objetos a bordo do navio estariam se movendo com a mesma velocidade constante em relação ao porto e, de acordo com o princípio da inércia de Galilei, a tendência destes objetos seria a de *continuarem* com a mesma velocidade. O navio não precisaria impulsionar a todo momento o passageiro e sua cadeira para que estes prosseguissem em sua viagem em movimento uniforme. Por isso, se as águas estivessem suficientemente calmas, o passageiro não poderia sequer deduzir, observando apenas os objetos no interior de sua cabine, se estaria navegando a toda velocidade ou se ainda estaria ancorado no porto. Nessas duas situações, tudo dentro de sua cabine se comportaria da mesma maneira.[2]

2 Numa linguagem mais técnica, esse é o chamado *princípio da relatividade de Galilei*.

Se o passageiro de um navio a uma grande velocidade "sente-se" da mesma maneira que quando está parado em terra firme, ficando alheio ao estado de movimento do navio, não era estranho, então, conceber a Terra como estando em órbita ao redor do Sol sem que nós a "sentíssemos" se mover. Caía mais um argumento em favor de uma Terra em repouso no centro do universo.

Mas o que dizer a respeito da gravidade? Se a ideia de Aristóteles de que os corpos materiais caíam na tentativa de ocupar seu lugar natural no centro do universo era falsa – pois a Terra nem ocupava o centro do universo –, então qual seria a explicação para esse fenômeno? Embora Galilei tenha dado um importante passo ao perceber que a velocidade de queda de um corpo independia de seu peso, foi o físico e matemático inglês Isaac Newton (1642-1727) quem, utilizando os resultados de Kepler e de Galilei, elaborou a primeira teoria da gravidade: a Lei da Gravitação Universal.

Não precisamos, nem seria pertinente, entrar nos detalhes dessa teoria. Tudo que precisamos saber no momento é que ela descreve a gravidade como sendo uma força atrativa entre matéria e que atua a distância, ou seja, instantaneamente e sem a necessidade de contato físico entre os corpos. Essa força é tão mais intensa quanto maior a quantidade de matéria (ou seja, maior a massa) dos corpos. Por outro lado, torna-se mais fraca quanto maior for a distância entre os corpos. Ela aponta sempre na direção que liga os centros de massa dos dois corpos. Quando combinada com a segunda lei do movimento

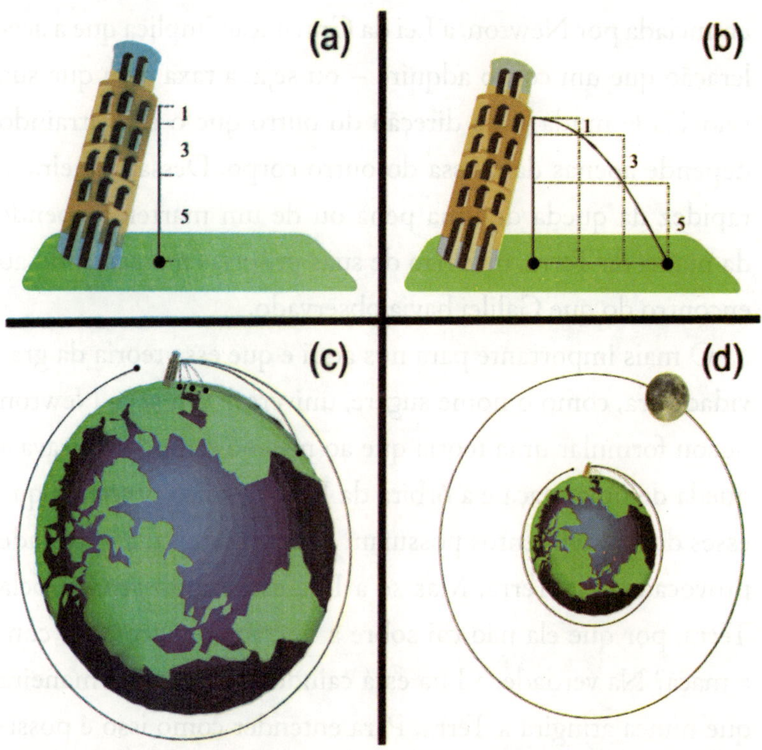

Figura 1: (a) Uma bala de canhão solta de certa altura cai verticalmente em movimento acelerado, percorrendo em intervalos de tempos iguais distâncias cada vez maiores; (b) Se a bala de canhão for lançada horizontalmente, seu movimento pode ser visto como a composição de um movimento uniforme na horizontal com o movimento acelerado de queda na vertical, atingindo o chão depois de decorrido o mesmo intervalo de tempo que na situação anterior, mas num ponto mais afastado da posição de lançamento; (c) Se aumentarmos muito a velocidade horizontal com que a bala de canhão é lançada, ela se distanciará tanto da posição de lançamento antes de atingir o solo que a curvatura da superfície da Terra não poderá mais ser desprezada. À medida que a bala percorre sua trajetória de queda, a superfície da Terra vai se curvando, fazendo que a bala demore cada vez mais para atingir o chão. Se a velocidade de lançamento for tal que a curvatura da trajetória da bala apenas acompanhe a curvatura da superfície da Terra, então a bala *nunca* atingirá o chão, permanecendo para sempre em queda livre. Em outras palavras, a bala "entrou em órbita". Desprezando a resistência do ar, essa velocidade é de cerca de 8 quilômetros por segundo; (d) Essa "queda eterna" é exatamente o movimento que a Lua executa em torno da Terra. Como está mais afastada do que a bala de canhão das situações anteriores, sua velocidade é menor, cerca de 1 quilômetro por segundo.

enunciada por Newton, a Lei da Gravitação implica que a aceleração que um corpo adquire – ou seja, a taxa com que sua velocidade muda – na direção do outro que o está atraindo depende apenas da massa do outro corpo. Dessa maneira, a rapidez da queda de uma pena ou de um martelo depende da massa da Terra, mas não de suas próprias massas, indo ao encontro do que Galilei havia observado.

O mais importante para nós aqui é que essa teoria da gravidade era, como o nome sugere, universal. Ou seja, Newton ousou formular uma teoria que ao mesmo tempo explicava a queda de uma maçã e a órbita da Lua. O físico percebeu que esses dois movimentos possuíam a mesma causa: a gravidade provocada pela Terra. Mas se a Lua está sendo atraída pela Terra, por que ela não cai sobre a Terra como acontece com a maçã? Na verdade, a Lua está caindo, mas de uma maneira que nunca atingirá a Terra. Para entender como isso é possível, observe a Figura 1.

Esse foi um marco na história do pensamento humano. Pela primeira vez fenômenos celestes, que antes eram considerados "sujeitos aos caprichos dos deuses", podiam ser compreendidos com base na mesma lei que governava, por exemplo, a queda de uma maçã; uma *unificação* nunca antes sonhada. A rígida distinção entre o sagrado e o mundano, entre o domínio dos deuses e o dos homens, havia sido abalada por essa revolução que, nesse sentido, deitou os céus por terra.

3
Estrelas escuras: prenúncios de uma revelação

A Lei da Gravitação Universal de Newton explicava os dados que se possuía na época acerca das órbitas dos planetas[1] ao redor do Sol. Tendo o Sol uma massa muito maior que a da Terra, era ao redor dele que os planetas orbitavam. Explicava também o fenômeno das marés altas e baixas, causadas pela atração gravitacional exercida pela Lua sobre a massa líquida do nosso planeta. Além de explicar fenômenos já conhecidos, suas teorias foram colocadas à prova quando dados mais precisos da órbita de Urano pareciam contrariá-las. O astrônomo francês Urbain Le Verrier (1811-1877) percebeu, então, que os dados poderiam ser conciliados com a teoria se houvesse um oitavo planeta, desconhecido até então. Com base nas fórmulas da teoria da gravitação de Newton, Le Verrier calculou a posição no céu em que esse suposto planeta deveria estar localizado para provocar as perturbações observadas na órbita

1 Até a morte de Newton, apenas os seis primeiros planetas do sistema solar eram conhecidos: Mercúrio, Vênus, Terra, Marte, Júpiter e Saturno. Urano, o sétimo planeta, havia sido confundido com uma estrela em várias ocasiões, e apenas em 1781 entrou para o *hall* de planetas.

de Urano. Em 23 de setembro de 1846, o astrônomo alemão Johann Galle (1812-1910), convencido por Le Verrier, apontou seu telescópio para o local onde o francês havia calculado que o suposto planeta estaria naquela data e encontrou um ponto brilhante que não constava em nenhum catálogo. Galle acabava de descobrir o planeta que hoje chamamos de Netuno.

Esse foi um sucesso sem precedentes do poder de predição de uma teoria, e que se repetiria quase um século mais tarde, quando foi prevista a existência de um nono corpo celeste na órbita do Sol para explicar algumas irregularidades nos trajetos de Urano e Netuno. Em 1930, esse corpo foi descoberto e batizado de Plutão.

Com uma teoria tão poderosa em mãos, os cientistas dos séculos XVIII e XIX aplicaram-na para estudar as mais diversas situações em que a influência da gravidade fosse relevante. Uma situação bastante prática é a seguinte: todos nós temos experiência de que, ao se jogar um objeto (uma pedra, por exemplo) para cima, ele atinge uma altura máxima e então retorna ao solo. Quanto maior a velocidade com que esse objeto é jogado para o alto, maior a altura que ele atinge e mais tempo leva para retornar. Uma questão natural surge: seria possível lançar um objeto para cima com uma velocidade tão grande que ele escaparia da atração gravitacional da Terra e nunca mais voltaria ao solo? A resposta para essa pergunta é afirmativa, e é uma tarefa bastante simples usar a teoria da gravitação de Newton para calcular qual seria a menor velocidade para isso ocorrer. Essa velocidade é chamada de *velocidade de escape*, e seu valor depende da *massa* e do *raio* do corpo que está causando a gravidade (no nosso caso, a Terra). A velocidade de escape aqui na Terra é de cerca de 11 quilômetros por segundo (quase 40 mil quilômetros por hora). No caso do Sol, a velocidade de escape é mais de cinquenta vezes maior (aproximadamente 620 quilômetros por segundo).

Em 1783, o geólogo e filósofo natural inglês John Michell (1724-1793) apresentou à comunidade científica uma consequência interessante da existência da velocidade de escape. Ele notou que a velocidade de escape na superfície de uma estrela, com massa e raio apropriados, poderia ser maior que a velocidade da luz, que já se sabia ser aproximadamente 300 mil quilômetros por segundo. Nesse caso, assumindo que a luz era constituída de partículas e que era afetada pela gravidade da mesma maneira que os objetos materiais, Michell concluiu que a luz emitida pela superfície dessa estrela não teria velocidade suficiente para escapar da gravidade da própria estrela e, consequentemente, voltaria à sua superfície depois de ter atingido uma altura máxima. Assim, para um observador muito afastado, a estrela não seria visível; ela seria completamente *escura*! Doze anos mais tarde, o matemático e astrônomo francês Pierre-Simon Laplace (1749-1827) chegaria, independentemente, à mesma conclusão que Michell, publicando a ideia de *estrelas escuras* na edição de 1796 de seu livro *Exposition du système du monde*.

Para ilustrar quanto uma estrela comum precisaria ser compactada para tornar-se escura, consideremos uma com a mesma massa que o Sol. Toda massa teria que se concentrar numa região com raio menor que 3 quilômetros. Essa estrela seria tão densa que uma bolinha de gude feita com o seu material teria a incrível massa de 70 bilhões de toneladas.[2]

A ideia de um objeto tão compacto que a luz não conseguiria escapar de sua atração gravitacional soa exatamente como a definição que demos de um buraco negro no Capítulo 1. Ou será que não? Na verdade, se o leitor se lembrar do que dissemos sobre o buraco negro, perceberá que a ideia de estrelas escuras não é a mesma. Um observador situado a uma distância da estrela escura menor do que a altura máxima atingida pelos raios de luz que ela emite (antes de retornarem à superfície) a enxergaria quase como se fosse uma estrela qualquer. Já no caso de buracos negros, não importa quão próximo o observador esteja de sua fronteira (o horizonte de eventos), nenhum raio de luz vindo do buraco negro o atingirá, uma vez que nada consegue sair dele. Embora no momento essa seja a única distinção que podemos mencionar entre estrelas escuras e buracos negros, existem diferenças muito mais importantes (e bizarras) que revelaremos nos próximos capítulos. Por ora, basta enfatizar que, para alguém próximo o suficiente de uma

---

2 É verdade, porém, que de acordo com a teoria da gravitação de Newton poderiam existir estrelas escuras com densidade bem menor. Nesse caso, seu tamanho, e consequentemente sua massa, seria enorme. Por exemplo, para que uma estrela escura tivesse a mesma densidade que o Sol, teria que ser quase quinhentas vezes maior que o Sol em tamanho e conter mais de 100 milhões de massas solares.

estrela escura, suas propriedades poderiam não ser muito diferentes das de uma estrela ordinária. Portanto, embora muitos as considerem como precursoras dos buracos negros – por serem o mais próximo que podemos chegar no contexto da teoria newtoniana –, veremos que o conceito de estrelas escuras esmorece completamente frente ao dos verdadeiros buracos negros.

4
A SEGUNDA SÍNTESE: DA ELETRICIDADE, DO MAGNETISMO E DA ÓTICA

Do ponto de vista cronológico, a ideia de estrelas escuras perdeu sua força e credibilidade muito antes da de buracos negros entrar em cena. Como vimos no capítulo anterior, a teoria de estrelas escuras baseava-se na hipótese de que a luz era constituída de partículas que sofriam a influência da gravidade assim como qualquer outro corpo. No entanto, logo nos primeiros anos do século XIX, experimentos realizados pelo médico, físico e egiptólogo inglês Thomas Young (1773-1829) mostraram que a luz exibia fenômenos de interferência e difração, propriedades exclusivas de *ondas*. Assim como o som é uma onda de pressão que se propaga em meios materiais (ar, água etc.), a luz deveria ser um tipo de onda que se propagaria em algum meio, batizado de *éter luminífero*, de natureza ainda desconhecida. Com isso, a hipótese de que a gravidade afetaria a luz de maneira semelhante a como agia sobre corpos materiais parecia demasiadamente forte e improvável para que suas implicações, como as estrelas escuras, fossem levadas a sério. O próprio Laplace excluiria da edição de 1808 de seu livro qualquer menção às estrelas escuras. A ideia de um corpo cuja gravidade confinaria a própria luz ficaria esquecida por mais de um século.

Nesse meio tempo, nosso entendimento acerca da natureza da luz avançou drasticamente. Com os experimentos de Young demonstrando seu caráter ondulatório, restava identificar qual o tipo de ondulação. No caso do som, que também se propaga por onda, são as moléculas do meio material (como o ar) que estão oscilando coletivamente. O que estaria oscilando no caso da luz? A resposta para esta questão seria dada na década de 1860, quando o físico escocês James Maxwell (1831-1879) estabeleceu as leis que regem a eletricidade e o magnetismo. Fenômenos elétricos – como a atração de pedacinhos de papel por uma caneta atritada ao cabelo – e magnéticos – como a força que age na agulha imantada de uma bússola – eram conhecidos desde a Antiguidade, mas foi ao longo dos séculos XVIII e XIX que os estudos nessas áreas mais avançaram. Percebeu-se que esses fenômenos, aparentemente sem relação entre si, estavam na verdade intimamente ligados: eletricidade podia gerar magnetismo e vice-versa. O entendimento desses fenômenos culminou nas chamadas *equações de Maxwell*, que previam, entre outras coisas, que perturbações de campos elétricos e magnéticos podiam se propagar, de maneira autossustentada, como ondas. Maxwell pôde calcular a velocidade que as ondas eletromagnéticas teriam de acordo com sua teoria e, para sua surpresa, obteve o mesmo valor que se conhecia para a velocidade da luz.

Em 1886, o físico alemão Heinrich Hertz (1857-1894) comprovou por experimentos a existência dessas ondas que, além da velocidade, possuíam muitas outras semelhanças com a luz. Ficava assim estabelecida a natureza da luz como sendo um tipo de onda eletromagnética e, com isso, três áreas antes consideradas distintas (a eletricidade, o magnetismo e a ótica, esta última responsável pelo estudo das propriedades da luz) haviam sido unificadas no que atualmente denominamos *eletromagnetismo*.

Ao final do século XIX, havia-se estabelecido o caráter ondulatório da luz e comprovada sua natureza eletromagnética. De acordo com o conhecimento da época, toda onda necessitaria de um meio para se propagar. No caso da luz, esse meio seria o *éter luminífero*. Como observamos luz vinda dos lugares mais longínquos, esse meio devia preencher todo o universo observável, e seria em relação a esse meio que a velocidade da luz seria a dada pela teoria de Maxwell, cerca de 300 mil quilômetros por segundo. Tudo indicava que, para um observador em movimento em relação a esse éter, a velocidade da luz deveria ser diferente: maior se observador e luz se movessem em sentidos opostos em relação ao éter, menor se ambos se movessem no mesmo sentido. Por exemplo, assumindo que o Sol estivesse aproximadamente em repouso em relação ao éter, a Terra se moveria a uma velocidade de aproximadamente 30 quilômetros por segundo em relação a este último, devido a seu movimento em torno do Sol. Desse modo, se a velocidade da luz na Terra fosse medida primeiro no mesmo sentido do movimento orbital da Terra e, depois, no sentido contrário, a primeira medida deveria ser cerca de 60 quilômetros por segundo menor que a segunda, o que corresponde a uma variação aproximada de apenas 0,02% na velocidade da luz. Embora essa diferença em diferentes direções seja muito pequena, o físico alemão, naturalizado norte-americano, Albert Michelson (1852-1931) e o químico norte-americano Edward Morley (1838-1923) realizaram, em 1887, um experimento que seria capaz de detectar tal diferença caso ela existisse. A grande surpresa foi que essa diferença não foi detectada. A velocidade da luz parecia ser sempre a mesma, independente do estado de movimento do observador.

Para que se compreenda a estranheza desse fato, consideremos a seguinte situação. Imagine uma pessoa numa estação de metrô pela qual os trens, de ambos os sentidos, passam à velocidade de 20 metros por segundo. Se ela estiver parada na estação, a velocidade com que verá cada um dos trens afastando-se de si será 20 metros por segundo, em sentidos opostos. Porém, se essa pessoa corresse a 2 metros por segundo pela estação, paralelamente às linhas dos trens, veria o trem que se move no mesmo sentido afastar-se, de si, 18 metros por segundo, enquanto o trem no sentido oposto se afastaria com velocidade de 22 metros por segundo. Essa conclusão parece bastante intuitiva. Exatamente por isso que o resultado da experiência de Michelson e Morley foi tão surpreendente para a comunidade científica. Era como se, na nossa analogia dos trens, a velocidade de ambos os trens, em relação à pessoa na estação, fosse sempre 20 metros por segundo, independentemente da velocidade e sentido em que ela corresse; mesmo que conseguisse correr pela estação a 19 metros por segundo atrás de um dos trens, continuaria vendo *ambos* os trens se afastando a 20 metros por segundo em relação a si mesma.

Embora para trens e velocidades "comuns" esse comportamento estranho não ocorra, isso era o que os experimentos mostravam que acontecia com a luz: não importa com qual velocidade uma pessoa "persiga" ou "fuja" de um raio de luz, a velocidade desse raio em relação a ela será sempre a mesma, cerca de 300 mil quilômetros por segundo.

Esse fato era tão contrário à intuição que custou a ser plenamente aceito. Grandes físicos da época tentaram conciliar os resultados experimentais com a intuição. Sem sucesso. Seria necessário alguém com uma mente mais aberta e menos presa aos conceitos clássicos da época, um revolucionário científico, para levar os resultados de Michelson e Morley (e de outros) às últimas consequências.

5
A TERCEIRA SÍNTESE: DO ESPAÇO E DO TEMPO

Em 1905, o jovem físico alemão Albert Einstein (1879-1955), não tendo conseguido emprego na área acadêmica, trabalhava no Escritório de Patentes de Berna, na Suíça. Apesar disso, manteve-se interessado e atualizado a respeito dos últimos desenvolvimentos envolvendo a teoria eletromagnética. Einstein percebeu que havia uma maneira bastante "simples" de explicar por que o movimento da Terra através do éter não produzia nenhum efeito observável nos experimentos, por exemplo, naqueles que tentavam detectar a diferença na velocidade da luz em direções distintas: talvez o *éter luminífero*, cuja existência havia sido postulada para que a luz pudesse se propagar, simplesmente não existisse. Einstein, então, aboliu o éter e, com isso, eliminou a existência de um referencial "privilegiado" em relação ao qual a velocidade da luz seria a calculada pela teoria de Maxwell; a velocidade da luz no espaço vazio, ou seja, no vácuo, seria a mesma em relação a qualquer referencial, exatamente como os experimentos indicavam. Em outras palavras, a velocidade da luz seria uma constante universal.[1]

Embora a solução dada por Einstein fosse a decorrência mais direta dos dados experimentais, ela exigiu que os conceitos de *tempo* e *espaço* fossem profundamente modificados. O "passar do tempo", que sempre foi considerado como algo absoluto, igual para todos, tinha agora que ser entendido como dependente do estado de movimento do observador. Em certo sentido, quanto mais rápido um observador se movesse em relação a outro, mais devagar este último veria o tempo do primeiro passar. O tempo deixou de ser visto como algo absoluto e passou a ser relativo. Essa era a única maneira de fazer os observadores verem a luz sempre com a mesma velocidade. Essa e outras consequências da ideia de Einstein fazem parte do que atualmente chamamos de Teoria da Relatividade Restrita (a razão para o termo "restrita" ficará clara mais adiante). Depois da formulação dessa teoria, não só o "passar do tempo" passou a depender de quem o mede, mas também *tempo* e *espaço*, até então vistos como duas grandezas dissociadas, passaram a formar uma entidade unificada conhecida como um contínuo espaçotemporal, ou simplesmente espaço-tempo.

---

1 Essa constância da velocidade da luz foi tão bem testada ao longo do século XX que, a partir de 1983, a unidade de distância *metro* passou a ser definida de maneira que a luz percorra exatamente 299.792.458 vezes essa distância a cada segundo; ou seja, a velocidade da luz é *exatamente* 299.792.458 metros por segundo.

Com o enorme sucesso da Teoria da Relatividade Restrita, todas as teorias, antes formuladas para descrever fenômenos que se desenrolavam no decorrer de um tempo e espaço absolutos, tiveram que se adequar ao novo paradigma do espaço-tempo. Naturalmente, o eletromagnetismo já era consistente com esse modelo, pois a própria luz havia sido a protagonista dessa revolução. Mas outra teoria, velha conhecida, não se encaixava perfeitamente nessa maneira de ver espaço e tempo: a gravitação universal de Newton.

Como dissemos anteriormente, a teoria de Newton descrevia a gravidade como sendo uma força de ação a distância, que significa que ela atuaria instantaneamente entre dois corpos qualquer que fosse a distância entre eles. Em outras palavras, a "velocidade" com que se daria essa interação seria infinita. Se a Terra, por exemplo, tivesse sua posição alterada, a Lua de imediato sentiria uma mudança na força com que a Terra a atrai. O problema é que, para uma teoria se adequar ao conceito de espaço-tempo, uma condição necessária é que relações de causa e efeito não possam se dar de maneira mais rápida do que a velocidade da luz no vácuo. Assim, se a Terra sofresse uma mudança repentina de posição, a força gravitacional sentida pela Lua deveria demorar pelo menos cerca de 1 segundo para mudar, que é o tempo que a luz demoraria para percorrer a distância entre elas. Esse atraso não era contemplado pela teoria de Newton. Além disso, havia outros problemas de compatibilidade entre a gravitação de Newton e a relatividade restrita de Einstein, mas não convêm explicarmos aqui. Lembremos que a teoria de Newton explicava os dados das órbitas dos planetas e que havia sido posta à prova, com sucesso, na predição da existência do oitavo planeta do Sistema Solar, Netuno. Será que, além desse impasse conceitual entre Newton e Einstein, haveria algum indício vindo de observações experimentais de que a teoria do cientista inglês fosse incorreta, algum dado astronômico que ela não daria conta de explicar?

Sim, havia dados observados da órbita de um planeta do Sistema Solar que a teoria de Newton não tinha tido completo sucesso em explicar: os de Mercúrio, o planeta mais próximo ao Sol. Talvez o leitor se surpreenda ao saber que a discrepância entre as observações e a teoria foi apontada pelo próprio Le Verrier apenas treze anos após a descoberta de Netuno. Em 1859, Le Verrier mostrou que, mesmo considerando-se todas as influências gravitacionais dos planetas conhecidos sobre Mercúrio, usando para isso a gravitação de Newton, sua órbita prevista era ligeiramente diferente do que as observações indicavam. Mas, então, por que nenhuma outra teoria da gravidade foi procurada até que houvesse o confronto com a relatividade restrita? A resposta é simples: com o sucesso em prever a existência de Netuno baseado em "irregularidades" na órbita de Urano, Le Verrier estava convencido da existência de outro planeta desconhecido, mais próximo ao Sol do que Mercúrio, que poderia, então, explicar os dados da órbita deste último. Mais uma vez Le Verrier postulou a existência de um planeta, batizando-o de *Vulcano*. A partir de então, vários anúncios surgiriam, ao longo dos anos e décadas seguintes, de que esse planeta teria sido detectado. Como isso não foi comprovado, a busca por Vulcano continuaria século XX adentro, fazendo que a comunidade científica não atentasse para o fato de que já possuía em mãos observações que indicavam que algo ia mal com a teoria da gravitação universal. Surpreendentemente, seria um indício puramente conceitual (a ação a distância) que exporia a falha existente na teoria de Newton.

que este plano [illegible] de Leibniz [illegible] comp-
[illegible] por Mahnke [illegible] do século XX admi-
tiu [illegible] que [illegible] unidade [illegible] para
o fato de que [illegible] dos Elementos [illegible] indicavam
que algo [illegible] de [illegible] Mais precisamente, [illegible] ligação
de [illegible]

6

A QUARTA SÍNTESE: DO ESPAÇO-TEMPO E DA GRAVITAÇÃO

O próprio Einstein tomou para si a tarefa de elaborar uma teoria da gravidade que fosse consistente com a relatividade restrita. Em vez de procurar "consertar" a teoria de Newton para torná-la consistente, simplesmente tentando excluir a ação a distância de sua formulação, Einstein foi levado a uma teoria da gravidade totalmente nova.

O primeiro passo na obtenção de sua teoria da gravidade foi dado em 1907, quando percebeu que o fato conhecido desde Galilei, de que o movimento de queda dos corpos não dependia de suas massas, possuía um significado muito profundo. A fim de ilustrarmos a ideia que Einstein chamaria mais tarde de "o pensamento mais feliz" de sua vida, pedimos para que o leitor se considere numa situação hipotética.

Imagine-se acordando deitado no chão de um recinto totalmente fechado, muito parecido com o interior de um elevador, sem a mínima recordação de quando nem como você teria chegado ali. À sua volta, alguns de seus objetos pessoais, como seu molho de chave, encontram-se espalhados pelo chão. Você se levanta e apanha seus objetos. Pela aparência do recinto e pela ausência de qualquer solavanco, você conclui que deve estar preso no interior de um elevador que se encontra parado em algum andar de um prédio (possivelmente emperrado entre dois andares, já que as portas não se abrem). Enquanto procura pelo botão de emergência, suas chaves escapam de sua mão e, então, você observa, sem nenhuma surpresa, mas com certa irritação, elas caírem no chão. Você as apanha novamente, maldizendo toda aquela situação, enquanto pensa numa maneira de sair dali. De repente, algo acontece. Um incontrolável "frio na barriga" toma conta de você e o chão falta sob seus pés. Uma sensação parecida com a de quando um elevador parado se põe a descer, mas numa intensidade amplificada e contínua. Embora desesperadora, a conclusão parece óbvia: o elevador está em queda livre! Com o susto, o molho de chaves novamente escapa de suas mãos, mas desta vez ele permanece "flutuando" ao seu lado. Nenhuma surpresa: da mesma maneira como da vez anterior, o molho de chaves está a cair, mas, dessa vez, raciocina você, tudo o mais está caindo junto (chaves, elevador, você), com a mesma rapidez, de forma que as chaves e você pareçam "flutuar" dentro do elevador em sua derradeira descida. Mesmo essa sendo uma péssima hora para uma aula de física, você não pode deixar de dar os devidos créditos a Galilei. Você apenas lamenta não lhe restar muito tempo para apreciar essa sensação de "ausência de peso" antes de se estatelar no fosso do elevador. Lembrando de suas aulas de física do Ensino Médio, você sabe que, mesmo que estivesse despencando do centésimo andar de um prédio muito alto, a queda livre do elevador duraria menos de dez segundos. A agonia toda logo vai acabar... O tempo passa... Você poderia jurar que já se passaram bem mais do que dez segundos. "*Um segundo, dois segundos, ..., vinte segundos.*" Sim, confirma você, bem mais do que dez segundos já se passaram e o elevador continua em queda. O tempo passa ainda mais. Definitivamente algo está errado!

O elevador já teria caído vários quilômetros. Nenhum prédio é tão alto e nenhum poço tão fundo. Enquanto "flutua", você nota a existência de portinholas no canto superior de cada parede. Vai até elas e, ao abri-las, não consegue acreditar no que seus olhos veem: através de finas, mas altamente resistes janelas de vidro, você observa um céu negro salpicado por uma infinidade de estrelas nítidas e brilhantes, um espetáculo que nem a mais límpida noite na Terra poderia proporcionar. E por mais que procure, você não encontra nenhum vestígio do próprio planeta. Combinando essa observação à sensação de ausência de peso, você finalmente compreende o que se passa: em vez de estar confinado num elevador em queda livre no campo gravitacional da Terra, você se encontra no interior de uma espécie de "cápsula", vagando livremente pelo espaço sideral, muito afastado de qualquer planeta, estrela ou outro objeto celeste capaz de exercer alguma atração gravitacional apreciável.

Mas como explicar que minutos antes, quando você acordou dentro do que julgou ser um "elevador emperrado", podia ser sentida o que parecia ser a atração gravitacional da Terra, provocando até mesmo a queda do molho de chaves da primeira vez que escapou de sua mão? Agora que você sabe que na verdade se encontra dentro de uma cápsula espacial, longe de qualquer corpo celeste capaz de produzir uma atração gravitacional perceptível, não resta outra explicação a não ser a de que naqueles momentos iniciais a cápsula estava sendo acelerada para cima (na verdade, no que você julgava ser "para cima"), possivelmente por propulsores instalados em sua parte inferior, com a mesma intensidade que a aceleração da gravidade na Terra. Assim, a todo o momento, o chão tinha que exercer uma força sobre você para vencer sua inércia, ou seja, sua tendência de manter-se em movimento uniforme, e impulsioná-lo de maneira a acompanhar o movimento acelerado da cápsula.[1] Quando o molho de chaves escapou da sua mão da primeira vez, por alguns instantes ficou livre da ação de qualquer agente externo, mantendo-se, portanto, em movimento uniforme até que o chão da cápsula, acelerado "para cima", o atingisse.

Deixaremos o desfecho dessa situação hipotética a critério do leitor, pois já ilustramos o ponto desejado. Einstein havia conjecturado que o fato de corpos de massas diferentes caírem da mesma maneira num campo gravitacional fazia os movimentos de queda em campos gravitacionais serem indistinguíveis de (ou equivalentes a) movimentos uniformes na ausência de gravidade. Era como se a existência do campo gravitacional

---

1 Um exemplo desse fenômeno acontece ao acelerar o carro. O encosto do banco é o responsável por nos tirar do repouso (em relação ao solo) e nos colocar em movimento, proporcionando-nos aquela sensação de estarmos sendo comprimidos contra o encosto.

pudesse ser "anulada" escolhendo-se um referencial em queda livre. Essa afirmação é conhecida como *princípio de equivalência*. Outra maneira de fraseá-la é dizer que o estado de repouso num campo gravitacional seria indistinguível do movimento acelerado no espaço sem gravidade (como também ilustrado pela situação hipotética). A grande utilidade do princípio de equivalência para a busca de Einstein foi a de fornecer uma ligação entre situações *com* e situações *sem* gravidade. Com essa ligação, Einstein podia tentar aplicar sua teoria da relatividade restrita, válida em situações em que a gravidade estava ausente, a situações em que ela estivesse presente.

Desde o "pensamento mais feliz" de sua vida, Einstein trabalharia ainda por oito anos para colocar sua teoria numa linguagem matemática apropriada. Ele percebeu que apenas o princípio de equivalência não era suficiente para formular sua teoria da gravidade. Segundo esse princípio, uma partícula caindo no campo gravitacional deveria ser descrita da mesma maneira que uma partícula livre em movimento uniforme na ausência de gravidade. Sabemos, no entanto, que uma partícula em movimento uniforme descreve uma trajetória de linha reta. Como, então, esse movimento podia ser equivalente ao de queda num campo gravitacional, sendo que este último, em geral, não pode ser descrito por uma linha reta? Lembre-se que o movimento da Lua em torno da Terra é um movimento de queda.

Para resolver esse impasse, Einstein percebeu que teria de aprender uma matemática que até então não havia sido aplicada à física. Sua ideia era levar adiante a ligação sugerida pelo princípio de equivalência e tentar descrever *todos* os movimentos de queda num campo gravitacional, incluindo órbitas como a da Lua, não como retas no sentido estrito (que ele sabia não serem), mas como trajetórias "as mais retas possíveis" num *espaço-tempo curvo* de fundo. Assim como as linhas "mais retas possíveis" de se desenhar sobre a superfície curva de uma esfera são os "grandes círculos" (aqueles que dividem a esfera em duas partes iguais), que obviamente não são retas no sentido mais estrito, Einstein imaginou que se o espaço-tempo fosse curvo (num sentido matemático preciso), então, por mais que as partículas livres da ação de qualquer agente externo "tendessem" a andar numa trajetória retilínea, elas seriam obrigadas a seguir a curvatura do espaço-tempo no qual se movem, dando origem aos diversos tipos de movimento de queda que podemos ter num campo gravitacional.

Essa ideia genial deu certo, e dez anos depois de ter formulado a Teoria da Relatividade Restrita, Einstein finalmente chega, em 1915, à Teoria da Relatividade Geral, uma generalização que inclui a descrição de campos gravitacionais, revolucionando uma vez mais nossa visão de espaço e tempo. Segundo a relatividade geral, a gravidade não é mais encarada como uma força a distância. Na verdade, a ideia de força gravitacional deixa de existir. A gravidade nada mais é do que a manifestação da curvatura do espaço-tempo sobre o qual os fenômenos se desenrolam. Um corpo como a Terra, com seu conteúdo de energia, provoca uma distorção no espaço-tempo à sua volta, curvando-o de acordo com as chamadas *equações de Einstein*. Então, qualquer coisa (partículas, luz etc.) livre da ação de forças – já que a gravidade deixa de ser uma força – que porventura passe por essas imediações tentará seguir uma trajetória retilínea, mas que, devido à curvatura do espaço-tempo provocada pela Terra, terá a aparência das trajetórias de queda.

Chamemos a atenção para o fato de que essa maneira de descrever a gravitação põe fim à indefinição que havia surgido no início do século XIX quanto a *se* e *como* a luz seria influenciada pela gravidade. Como a luz, assim como tudo o mais, se move *no* espaço-tempo, ela também deve sofrer o efeito da curvatura e, portanto, sentir os efeitos gravitacionais provocados por um corpo (veja Figura 2). No entanto, a velocidade da luz no vácuo continua sendo uma constante universal na relatividade geral. A razão pela qual esses dois fatos não são contraditórios é que o espaço-tempo é curvado de tal forma que, qualquer que seja a trajetória que a luz siga, tempo e espaço são

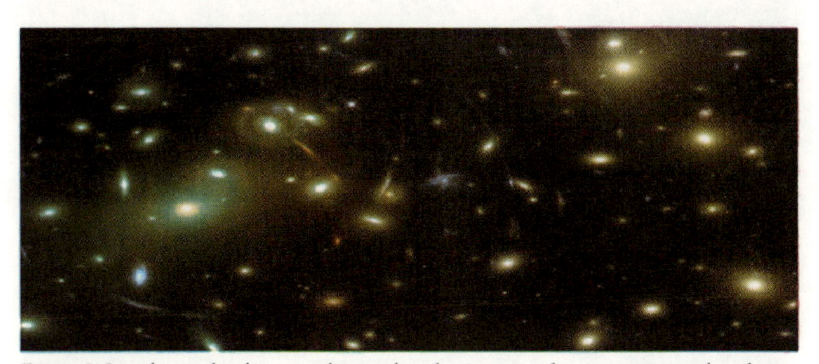

Figura 2: Luz de estrelas distantes distorcida pela curvatura do espaço-tempo do aglomerado de galáxias denominado Abell 2218, por onde passa antes de chegar à Terra. Cortesia da Nasa/STScI.

distorcidos de modo a compactuar para que a velocidade da luz no vácuo seja mantida inalterada.

A relatividade geral não só foi capaz de recuperar as antigas previsões da teoria newtoniana com muito mais precisão, explicando perfeitamente, por exemplo, a órbita de Mercúrio sem a necessidade do planeta Vulcano, mas também de prever a existência de novos corpos celestes e efeitos.

Agora que a relação entre *luz* e *gravidade* voltou a ser compreendida, finalmente estamos na posição de retomar o tema principal deste livro.

7
Buracos negros: um oficial alemão no *front* russo

O pano de fundo é a Primeira Guerra Mundial. Num acampamento alemão encontramos o astrofísico Karl Schwarzschild (1873-1916) servindo como oficial na frente de guerra oriental. As equações da relatividade geral tinham sido enunciadas pouco antes, mas eram tão complicadas que ninguém ainda tinha conseguido extrair delas alguma solução exata. Seus tesouros principais estavam para serem desvendados.

Esse era o tipo de desafio que atrairia alguém como Schwarzschild, mesmo sob as condições adversas em que se encontrava. Sua precocidade já era conhecida desde a adolescência. Aos 16 anos publicara seus primeiros artigos científicos, no *Astronomische Nachrichten,* sobre a órbita de estrelas em sistemas binários. Quando se alistou voluntariamente no exército, aos 40 anos, já era um cientista de renome e reconhecida capacidade de trabalho.

Em meio aos horrores de uma guerra sem precedentes, Schwarzschild continuava a ser, antes de tudo, um cientista. Ele gerou no *front* russo três manuscritos, dois deles relacionados com a relatividade geral. Num dos trabalhos, analisava o campo gravitacional da região interna das estrelas e, no outro, o campo gravitacional na região externa a elas, ou seja, no vácuo ao seu redor. É neste último trabalho que estamos interessados.

Para simplificar seu cálculo, Schwarzschild assumiu que toda a massa estava concentrada num ponto no centro da estrela e que ela não teria rotação. A solução proveniente de suas hipóteses deveria descrever o campo gravitacional externo a uma estrela com simetria esférica, que aproxima os casos de maior interesse astrofísico.

As conclusões de Schwarzschild coincidiam com as de Newton longe da estrela, mas diferiam drasticamente quando próximo dela, se a estrela fosse muito compacta. Em princípio, isso não era de se estranhar, pois já se esperava que a relatividade geral corrigisse significativamente a teoria newtoniana em regiões de campos gravitacionais fortes. Mas corrigir é uma coisa; trucidar é outra.

Os resultados de Schwarzschild sugeriam que estrelas compactas o suficiente estariam como que envoltas por uma superfície imaginária (não material) que demarcaria um tipo de fronteira de *não retorno*. Como no inferno descrito pelo poeta e escritor italiano Dante Alighieri (1265-1321), em seu clássico *A divina comédia*, tudo o que ultrapassasse essa fronteira seria incapaz de retornar, inclusive a própria luz.

Assim como no caso das estrelas escuras de Michell e Laplace (se elas existissem), essas estrelas supercompactas seriam invisíveis a grandes distâncias. Mas as semelhanças acabam por aí. Como dissemos anteriormente, por mais densa que fosse uma estrela escura, ela poderia ser vista por um observador se ele se aproximasse o suficiente dela, já que feixes de luz emitidos para fora a partir da superfície de uma estrela escura sempre se afastariam um pouco antes de voltarem a ela. Já no caso das estrelas supercompactas de Schwarzschild, raios de luz emitidos de sua superfície não se afastariam. As estrelas supercompactas de Schwarzschild não seriam visíveis não importa quanto nos aproximássemos delas.

O que, na verdade, Schwarzschild tinha descoberto era uma solução das equações da relatividade geral que descreve um buraco negro. Era do tipo estático, desprovido de rotação, o mais simples de todos, mas, ainda assim, guardava o elemento essencial que caracteriza todo buraco negro: a existência de uma fronteira de não retorno que impede qualquer informação em seu interior de escapar para fora. A própria estrutura do espaço-tempo obriga que rigorosamente tudo o que ultrapassa essa fronteira de não retorno colapse cada vez mais para o centro, sem que nada possa deter esse processo. Em particular, nenhuma estrela dentro da região de não retorno pode ser estável; ela colapsaria necessariamente sob seu próprio peso.

Portanto, a "estrela supercompacta" de Schwarzschild, na verdade, não é uma estrela, e sim uma região de intensa atração gravitacional desprovida de estrutura material, exceto, talvez, por uma ínfima região central singular para onde toda a matéria e energia que entram na região de não retorno são impelidas.

A fronteira que delimita a região de não retorno é chamada de *horizonte de eventos*, assim como batizada pelo físico anglo-americano de origem austríaca Wolfgang Rindler (1924-2019) na década de 1950. Já a denominação *buraco negro* só surgiu anos mais tarde, no início da década de 1960, por sugestão, tudo indica, do físico norte-americano Robert Dicke (1916-1997), que teria sido influenciado pelo episódio ocorrido em meados do século XVIII, quando a maior parte de um grupo de prisioneiros britânicos confinados numa masmorra, conhecida como *buraco negro de Calcutá*, não resistiu à superlotação e morreu sufocada. Pouco depois, seu colega norte-americano de Princeton e mentor intelectual de toda uma geração de relativistas brilhantes, John Wheeler (1911-2008), popularizou o termo.

Toda a energia do buraco negro de Schwarzschild está, de certa forma, relacionada com uma singularidade que, para todos os efeitos práticos, pode ser pensada como um ponto matemático. A densidade de energia dessa região seria infinita. Segundo a relatividade geral, as singularidades dos buracos negros seriam abismos espaçotemporais, onde os próprios conceitos de espaço e de tempo perdem o sentido. Tudo o que entra no buraco negro de Schwarzschild tem como destino ser comprimido continuamente até acabar fazendo parte da singularidade.

Fácil falar, mas difícil acreditar. Incrivelmente, Schwarzschild era descrente que a sua solução, que mais tarde se mostraria ser a de um buraco negro, teria algo a ver com a realidade. A despeito disso, o raio crítico que determina quanto uma estrela precisa ser condensada para que ela dê origem a um buraco negro foi denominado *raio de Schwarzschild*, em sua homenagem. Quanto maior a massa do buraco negro, maior será o raio de Schwarzschild. Um buraco negro com a massa do Sol teria um raio de apenas cerca de 3 quilômetros, que é, como vimos, o raio que o Sol precisaria ter para se tornar uma estrela escura, caso a predição da gravitação newtoniana fosse correta.

Schwarzschild, que havia se alistado voluntariamente, teve que voltar para a Alemanha em março de 1916, sofrendo de alguma doença autoimune ou de distúrbio metabólico que talvez tivesse contraído no *front* russo. Schwarzschild faleceu dois meses depois em Potsdam ignorando a magnitude da descoberta que havia realizado.

8
Anos difíceis: incompreendidos e desprezados

Em 1919, Einstein foi promovido a celebridade mundial, e a relatividade geral elevada a símbolo da física moderna. Como isso aconteceu? Uma das consequências mais diretas do fato do espaço-tempo ser curvo, como reza a relatividade geral, é que corpos massivos defletiriam duas vezes mais os raios de luz do que previa a teoria newtoniana, esta última assumindo que a luz fosse formada por partículas com massa arbitrariamente pequena. Nesse mesmo ano, duas equipes coordenadas pelo astrofísico inglês Arthur Eddington (1882-1994) partiram da Inglaterra, uma para a costa da África e a outra para Sobral, no nordeste do Brasil. Nessas duas localidades, o eclipse solar de 29 de maio daquele ano seria total e com um pouco de sorte seria possível testar se os raios de luz emitidos pelas estrelas distantes eram defletidos ao passarem perto do sol conforme as teorias de Einstein ou de Newton. As condições meteorológicas no Brasil foram adequadas e os dados coletados favoreceram a relatividade geral.

Apesar desse grande sucesso, a relatividade geral começou a perder espaço para outra pilastra fundamental da física moderna: a mecânica quântica. Já começava a ser percebido, a partir de 1900, que fenômenos atômicos e ondulatórios requeriam a introdução de novos princípios para serem entendidos. Isso culminou com a formulação da mecânica quântica no final da década de 1920. A Europa, que ainda não havia se recuperado da Primeira Guerra, parecia preferir olhar para questões mais "terrenas" que permitissem comprovação experimental mais direta, assim como as ligadas à mecânica quântica, do que para problemas cosmológicos e astrofísicos cuja experimentação era ainda difícil devido a limitações tecnológicas da época. Os buracos negros hibernaram quase meio século no cenário da física antes de ressurgirem na década de 1960 com vigor redobrado. Isso não impediu, contudo, que alguns pesquisadores se interessassem por eles durante esse longo inverno. Era uma época heroica, em que os buracos negros pareciam dar respostas contraditórias e confusas. Em 1939, encontramos o próprio Einstein negando, erradamente, a existência de buracos negros. Mas, afinal, o que é tão difícil entender nos buracos negros?

Imagine um astronauta munido de um farolete e de um rádio transmissor com o qual pode se comunicar com a base. Ele está caindo radialmente na direção de um buraco negro contendo milhões de massas solares e a base está longe dele. Vamos assumir neste exemplo um buraco do tipo descrito pela solução de Schwarzschild. Seu horizonte de eventos é esférico e não há nenhuma luz vinda daquela região. O astronauta é previamente instruído a piscar seu farolete uma vez por segundo. Ele usa um relógio muito preciso que garante que os feixes de luz serão emitidos com pontualidade suíça. Por segurança, o astronauta é atado a um cabo resistente para que a base possa içá-lo de volta no caso de seus propulsores falharem. No início, quando ainda se encontra muito distante do buraco, o astronauta não relata nada de excepcional e a base confirma, com seus próprios relógios, que está recebendo os sinais emitidos uma vez por segundo. Os relógios da base, diga-se de passagem, são idênticos ao do astronauta.

À medida que o astronauta se aproxima do buraco, ele relata sentir uma propensão a ter seu corpo esticado. Seus pés, mais próximos do buraco, sofrem o efeito gravitacional mais intensamente do que a cabeça de tal forma que seu corpo acaba sofrendo alguma tensão. Não é algo que impressiona a base. Um efeito desse tipo é o responsável pelas marés altas e baixas que observamos cotidianamente na Terra. Nosso planeta é espichado na direção da Lua, e contraído na direção ortogonal, devido ao campo gravitacional do satélite. O astronauta é então instruído a ficar em posição fetal para minimizar o desconforto do efeito de maré sobre seu corpo.

Contudo, pouco a pouco, vários efeitos diferentes começam a ser relatados. À medida que o astronauta se aproxima do horizonte, ele parece aos olhos da base entrar em um estado letárgico, movendo-se cada vez mais vagarosamente. Sua imagem também parece mais avermelhada e tênue, os pulsos de luz começam a chegar à base em intervalos cada vez mais espaçados. A despeito disso, as mensagens enviadas pelo astronauta são tranquilizadoras. Ele está bem. De fato, a solução de Schwarzschild nos garante que, apesar dos possíveis desconfortos causados pelo efeito de maré, não há nada de muito relevante para o astronauta relatar, a menos o fato de as constelações parecerem distorcidas. Isso porque os raios de luz vindo das estrelas sofrem tremenda deflexão próximos do horizonte do buraco.

Como o astronauta não aciona seus propulsores para voltar à base, esta decide içá-lo de volta. Infelizmente a corda se rompe. Ela não suporta a enorme tensão no local onde está atada ao astronauta, que é muito maior que na base. O astronauta continua sua jornada rumo ao buraco. Ao chegar muito próximo ao horizonte de eventos, a imagem do astronauta dissolve-se diante dos olhos de todos na base, mesmo que a última mensagem do astronauta não relate qualquer problema.

A solução dada por Schwarzschild é deficiente para descrever claramente a transição de um corpo da região externa para a região interna do buraco negro. Afinal, o que acontece quando o astronauta chega ao horizonte? O mistério foi resolvido em 1958 quando David Finkelstein (1929-2016), professor assistente de um pouco conhecido instituto de tecnologia em Nova Jersey, nos Estados Unidos, reescreveu a solução do buraco negro de Schwarzschild de uma forma diferente. Às vezes, uma simples mudança de enfoque pode fazer toda a diferença. Segundo Finkelstein, apesar de os observadores distantes não mais verem o astronauta depois de entrar no buraco, ele, em nenhum momento, perde contato visual com a base, mesmo seguindo sua jornada sem volta rumo à singularidade. Não adiantaria ligar os propulsores para tentar retardar sua queda. Por incrível que pareça, ligá-los poderia significar abreviar ainda mais sua chegada à singularidade, que sempre levará um tempo finito, conforme medido pelo relógio do astronauta. À medida que se aproxima da singularidade, os efeitos de maré se tornam cada vez mais intensos e insuportáveis, reduzindo-o a um único ponto. O final do pobre astronauta é fazer parte da própria singularidade. A explicação dada por Finkelstein fez os buracos negros entrarem na agenda dos físicos, e alguns resultados previamente descobertos começaram a receber atenção.

Voltando à década de 1910, pouco tempo depois de Schwarzschild descobrir sua solução, o engenheiro e físico alemão Hans Reissner (1874-1967), que também trabalhou com o conde Ferdinand von Zeppelin (1838-1917), seu compatriota e mestre dos dirigíveis, obteve uma resposta para as equações de Einstein na presença de campos eletromagnéticos. A mesma solução foi obtida, independentemente, dois anos mais tarde pelo engenheiro e físico finlandês Gunnar Nordström (1881-1923). O que Reissner e Nordström tinham descoberto era a generalização dos buracos negros de Schwarzschild para o caso em que eles têm, além da massa, *carga elétrica*. Entretanto, foi aparentemente apenas em 1960 que a solução de Reissner-Nordström foi identificada como representando um buraco negro eletricamente carregado, graças ao trabalho dos físicos norte-americano John Graves (1938-2013) e alemão Dieter Brill (1933).

Estes buracos negros mostram outras propriedades. Ao carregar eletricamente um buraco negro, a área do horizonte de eventos diminui. Fixada a massa do buraco, contudo, há um máximo de carga que podemos dar a ele, com a qual alcança seu tamanho mínimo. Um buraco negro com o máximo de carga que pode suportar é chamado *buraco negro extremo*. Neste caso, a distância espacial entre qualquer ponto exterior ao buraco e o horizonte é infinita, assim como medida por observadores parados fora do buraco. Mas isso não torna os buracos negros menos perigosos. Um observador caindo livremente entraria no buraco negro num tempo finito assim como medido por seu relógio, e isso aconteceria sem violar a lei que garante que a máxima velocidade na natureza é a da luz. Coisas da relatividade.

9

A vida começa aos cinquenta: a década de ouro

Em meados da década de 1960, iniciou-se aquilo que o norte-americano Kip Thorne (1940), um dos cientistas mais influentes no programa de detecção de ondas gravitacionais dos Estados Unidos e ganhador do prêmio Nobel de Física de 2017, denominou de *década de ouro dos buracos negros*. Cinquenta anos após serem trazidos à luz, os buracos negros passavam a ser coqueluche.

Pelo menos parte da revitalização da área deveu-se a novas técnicas matemáticas introduzidas pelo físico-matemático inglês Roger Penrose (1931), que, usando métodos topológicos globais, comprovou que a existência de uma singularidade no interior do buraco negro descoberto por Schwarzschild não era um fato isolado. Assumindo certas condições fisicamente razoáveis, demonstrou que todo buraco negro deve ter uma singularidade em seu interior. Por esse resultado geral de incrível abrangência foi agraciado com o prêmio Nobel de Física em 2020.

O buraco negro de Reissner-Nordström não era exceção, mas a estrutura de sua singularidade poderia ser incrivelmente mais complicada que a de Schwarzschild. Porém, adiemos essa discussão mais para frente. Agora é hora de falar da rotação dos buracos negros.

Em 1963, o matemático neozelandês Roy Kerr (1934) descobriu uma solução para as equações de Einstein que possuía simetria axial – neste caso, devido à presença de rotação ao redor de um eixo. Encontrar soluções das equações de Einstein continua sendo um desafio formidável, mesmo assim isso não é suficiente para gravar o nome de alguém nos anais da Física. Contudo, em 1973 o físico australiano Brandon Carter (1942) mostrou que a solução de Kerr descrevia um *buraco negro com rotação* ao redor de um eixo de simetria. Ao contrário dos casos analisados por Schwarzschild e Reissner-Nordström, o horizonte de eventos não era esférico, mas um pouco espichado no equador. Essa era uma grande descoberta, pois se buracos negros existissem não havia motivo para crer que eles não tivessem alguma rotação. Afinal, esse é o caso de todas as estrelas que conhecemos. Mas isso não é tudo: o buraco negro de Kerr mostrou-se um verdadeiro parque de diversões para físicos teóricos.

Segundo a relatividade geral, corpos que giram arrastam consigo o próprio espaço-tempo no mesmo sentido de sua rotação. Isso significa que se jogarmos uma partícula radialmente na direção de um objeto que gira, depois de algum tempo, a partícula tenderá a acompanhar, pelo menos um pouco, a rotação do corpo. Em geral, esse efeito é muito pequeno e difícil de observar. É por isso que não estamos acostumados a ele apesar de a Terra também estar em rotação ao redor do eixo norte-sul. Para verificar o tênue efeito de arrastamento do espaço-tempo provocado pela rotação da Terra, a Nasa (National Aeronautics and Space Administration) e a Universidade de Stanford, nos Estados Unidos, colocaram em órbita o experimento Gravity Probe B em abril de 2004. Os resultados foram publicados em maio de 2011, confirmando as previsões da relatividade geral.

Muito longe de um buraco negro com rotação, o efeito de arrastamento é muito pequeno e difícil de observar. Porém, o efeito aumenta à medida que nos aproximamos do buraco. Mas o melhor está por vir. Fora da fronteira de não retorno do buraco negro de Kerr, existe uma região denominada de ergosfera, onde o efeito de arrastamento é tão intenso que torna impossível orbitar em torno do buraco na direção contrária à sua rotação, por mais potentes que fossem os propulsores. Para violar essa lei, teríamos de viajar mais rápido do que a luz, o que é impossível. Pode-se pensar na ergosfera como um redemoinho irresistível dentro do qual tudo, até mesmo a luz, é obrigado a acompanhar o sentido de rotação do buraco. Para voltar a controlar a direção que se quer rodar, é necessário sair da ergosfera, afastando-se do buraco.

A existência da ergosfera levou Penrose, em 1969, a conceber uma forma de extrair energia de buracos negros com rotação. Seria a usina mais ecologicamente correta possível, pois não só seria 100% limpa, mas também poderia reciclar todo o lixo gerado pela sociedade moderna. A ideia é muito simples. Lançamos na direção do buraco uma cápsula cheia de lixo com certa energia. Uma vez na ergosfera, a cápsula se abriria e colocaria o lixo numa determinada trajetória, que se caracteriza pelo fato de corpos que a seguem terem energia negativa segundo observadores distantes. Energia negativa?! Sim! Nesse caso, a cápsula precisa ganhar energia para garantir que a lei de conservação de energia não seja violada. Conclusão: a cápsula, agora vazia, sai da ergosfera com mais energia do que quando entrou. A energia excedente da cápsula poderia, então, ser convertida em energia elétrica por um gerador e ser usada normalmente. O maior custo para esta maravilha funcionar seria pago pelo próprio buraco negro que perderia rotação no processo. Em algum momento, quando toda sua energia de rotação tivesse sido gasta, teríamos que descartá-lo e procurar outro buraco negro com rotação. Assim, seria sempre preferível usar buracos negros com muita rotação. Mas vale ter em mente que, fixada a massa do buraco, há um limite máximo de rotação que ele consegue suportar.

Mais tarde surgiram variações do efeito Penrose igualmente engenhosas. O físico norte-americano Charles Misner (1932), por exemplo, mostrou como extrair energia de rotação de um buraco negro enviando ondas eletromagnéticas com certa energia e recuperando-as no final com mais energia do que quando enviadas.

Assim como os buracos de Schwarzschild, os buracos de Kerr também podiam ser carregados eletricamente. A honra da descoberta da solução que descrevia buracos negros com carga e rotação coube ao físico norte-americano Ezra Newman

(1929) e colaboradores em meados da década de 1960. Era um buraco negro geral que continha as soluções de Schwarzschild, Reissner-Nordström e Kerr como casos particulares, e assim como dita o teorema de Penrose também possuía uma singularidade em seu interior. Hoje esse buraco é conhecido como buraco negro de Kerr-Newman.

Se o leitor acha que o próximo ponto a discutir é sobre outros tipos de buracos negros, engana-se. O fato de buracos negros serem formados de pura gravitação torna sua estrutura extremamente simples. O físico indiano, radicado nos Estados Unidos, Subrahmanyan Chandrasekhar (1910-1995), que foi agraciado com o prêmio Nobel em 1983, disse em sua palestra de recebimento do prêmio que "eles [os buracos negros] são, portanto, quase que, por definição, os objetos macroscópicos mais perfeitos que existem no Universo [...] e os mais simples também". Chandrasekhar se referia aos teoremas de unicidade dos buracos negros. Basicamente estes teoremas nos dizem que tipicamente os buracos negros mais gerais são completamente caracterizados por sua *massa*, *rotação* e *carga elétrica*. Ou seja, os buracos negros mais gerais são aqueles descritos pela solução de Kerr-Newman. Todas as outras propriedades, como tamanho, forma etc., são calculáveis a partir dessas três características. Essa descoberta não foi obra de uma única pessoa, deveu-se a uma série de trabalhos desenvolvidos por diversos físicos ao longo da década de ouro, começando pelo físico de origem alemã Werner Israel (1931) e seguido logo depois por outros.

10
Buracos negros: nascendo das cinzas

O fato de a genética não proibir a existência de cavalos brancos com chifres torneados não garante que unicórnios existam. Da mesma forma, não basta argumentar que buracos negros podem existir, é preciso saber se eles realmente existem e onde estão.

Os primeiros a dar uma dica de onde procurá-los foram os físicos norte-americanos Robert Oppenheimer (1904-1967) e Hartland Snyder (1913-1962) em 1939. Curiosamente, bem no ano em que Einstein afirmava (erradamente) que buracos negros não poderiam ser criados, os físicos argumentavam que o fim de estrelas muito massivas deveria ser a formação de buracos negros. Mais tarde, Oppenheimer lideraria o Projeto Manhattan, que levaria à construção das bombas atômicas usadas em Hiroshima e Nagasaki. No fim de sua vida, encabeçou uma veemente luta pelo controle de armas nucleares de destruição em massa.

Para entender a origem da argumentação de Oppenheimer e Snyder, devemos retroceder a 1938. Neste ano, o físico alemão Hans Bethe (1906-2005), então na Universidade de

Cornell, e seu colega norte-americano Charles Critchfield (1910-1994), da Universidade George Washington, ambas nos Estados Unidos, mostraram que estrelas são gigantescas fornalhas onde núcleos leves, como o hidrogênio, fundem-se dando origem a núcleos mais pesados. Esse fenômeno, denominado *fusão nuclear,* libera tremendas quantidades de energia. Essa é a origem de todo o calor e luz que, por exemplo, recebemos do Sol. Toda essa energia, por sua vez, induz uma enorme pressão na estrela de dentro para fora, que é contrabalançada pela gravidade que compele a matéria no sentido contrário. Enquanto o equilíbrio entre esses agentes perdura, a estrela permanece estável. O Sol já tem uns 5 bilhões de anos e deve durar outro tanto. Porém, com o fim do combustível nuclear – ou seja, do hidrogênio e outros elementos leves –, a gravidade passa a dominar e a estrela começa a colapsar. Se a massa da estrela for suficientemente alta, o processo culmina numa explosão titânica denominada supernova. Grande parte da massa da estrela é expelida no processo – vale notar que os elementos pesados mais comuns que encontramos na Terra, como o carbono e o ferro, foram sintetizados em estrelas e "semeados" em explosões como essa. No caso em que a estrela progenitora tem algumas dezenas de massas solares, a matéria remanescente que não foi expelida na explosão ainda é suficientemente grande para que seu campo gravitacional a leve ao *colapso total* e, em decorrência, à formação de um buraco negro, com toda a matéria se concentrando na singularidade.

Esse não é o único mecanismo que conhecemos, hoje em dia, de formação de buracos negros. Quando a estrela progenitora não é suficientemente massiva para gerar no final de sua vida um buraco negro, ela acaba se tornando uma *estrela anã branca* ou uma *estrela de nêutrons,* ambas extremamente densas. Anãs brancas têm até 1,4 massa solar, enquanto estrelas de nêutrons têm entre 1,4 e algo como 2 massas solares. Dependendo da região onde se encontram, podem adicionar mais massa à que já tinham, seja pelo depósito de matéria de alguma estrela vizinha ou pelo choque com outros corpos celestes. Então, se por um motivo ou outro elas chegarem a atingir o equivalente a umas poucas massas solares, perdem a estabilidade e um colapso total é novamente observado. Acredita-se que todo o ouro, platina, urânio e outros metais nobres que encontramos na Terra foram sintetizados nessas explosões titânicas, em particular as decorrentes da fusão de estrelas de nêutrons dando origem a buracos negros. Não é por acaso que joias são tão caras.

Apesar de a relatividade geral permitir a existência de diversos tamanhos de buracos negros, os mecanismos astrofísicos conhecidos preveem a formação de buracos com pelo menos algumas massas solares.

11
EVIDÊNCIAS CIRCUNSTANCIAIS:
A VERDADE ESTÁ LÁ FORA

Resta agora uma grande questão: como seria possível observar os buracos negros se eles, diferentemente de astros e planetas, não devem emitir nem refletir luz? Bem, não é porque o ar é transparente que não podemos localizar um furacão. Furacões são vistos pelo estrago que produzem na matéria circundante. Com buracos negros, a ideia é similar. A maioria dos caçadores de buracos negros tenta identificá-los pelo efeito de seu campo gravitacional na órbita de astros próximos.

O que você concluiria se visse uma estrela em órbita de algo invisível? A atitude mais conservadora seria pensar que este algo invisível é uma estrela muito pequena que não somos capazes de observar com a presente tecnologia. Mas e se, analisando o período de rotação e outros parâmetros da estrela visível, concluíssemos que esse corpo tem o correspondente a várias massas solares? Todos os nossos manuais de relatividade geral e astrofísica nos diriam que o único candidato conhecido com esse perfil – ter tamanha massa concentrada numa região tão pequena – é o buraco negro. O juiz cético poderia retrucar dizendo que essa seria uma evidência indireta (circunstancial) e não direta (material). Ceticismo é uma boa característica para um cientista, mas ignorar uma evidência dessas, circunstancial ou não, seria como ouvirmos "miau, miau" vindo da janela e nos condenarmos por inferir que há um gato por perto.

O primeiro forte candidato a buraco negro foi localizado na constelação de Cisne em 1964. Cygnus X-1 é uma fonte variável de raios X e começou a ser estudada em mais detalhe a partir de 1971 pelo satélite Uhuru, que no dialeto *swahili*, do leste da África, significa *liberdade*. Recebeu esse nome em homenagem ao sétimo aniversário de independência do Quênia, de onde o satélite foi lançado em dezembro de 1970.

Acredita-se que a estrela supergigante HDE 226868, com cerca de trinta massas solares, e um buraco negro, com cerca de quinze massas solares, estejam em órbita um ao redor do outro. Os raios X vindos da mesma região podem ser vistos como uma evidência extra a favor da presença do buraco negro. Tudo indica que sua origem está na matéria da estrela supergigante que estaria sendo gradativamente sugada pelo buraco. Isso deve levar à formação de um disco de poeira e gás, chamado de *disco de acréscimo*, ao redor do buraco negro. A matéria que está inicialmente longe do buraco possui muita energia potencial gravitacional e, à medida que ela cai na direção do buraco, essa energia se converte em energia de movimento até finalmente se transformar em energia térmica, quando poeira e radiação interagem entre si. No final, o disco de acréscimo atinge altas temperaturas, emitindo raios X antes de ser engolido pelo buraco, como visto na Figura 3. Atualmente já temos

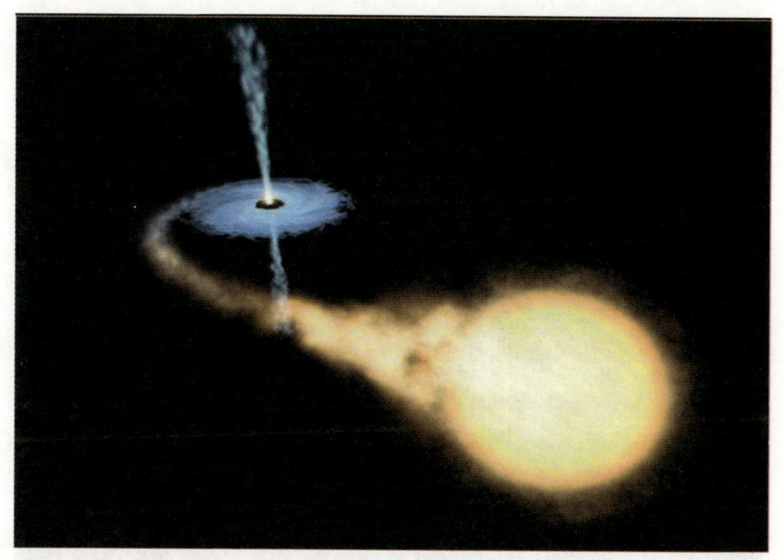

Figura 3: Ilustração de um sistema binário composto por um buraco negro e uma estrela cuja massa está sendo sugada pelo buraco. O disco de acréscimo que se forma fora do buraco é responsável pela emissão de grandes quantidades de radiação que denuncia sua presença. Cortesia da Nasa/STScI.

uma lista de vários outros candidatos a buracos negros similares. E o leitor não perde por esperar pelo que vem a seguir.

Vivemos na Terra, que, como sabemos, está em órbita ao redor do Sol, junto de outros planetas do sistema solar. Em noites claras e longe dos grandes centros urbanos, ainda podemos nos maravilhar com o firmamento celeste. Um observador mais atento identificará toda uma faixa no céu particularmente densa de estrelas. Chamamos esse aglomerado de estrelas de Via Láctea – a origem do nome está no fato de antigamente acharem que essa faixa parecia um "caminho de gotas de leite". A Via Láctea é a galáxia em que se encontra o planeta Terra e é formada por bilhões de estrelas, entre elas o Sol. Até onde podemos ver, o universo está repleto de bilhões de galáxias. As evidências se acumulam de que todas, ou pelo menos quase todas, as galáxias abrigam buracos negros supergigantes em seus centros, como a NGC 4261, mostrada na Figura 4. A Via Láctea não é uma exceção.

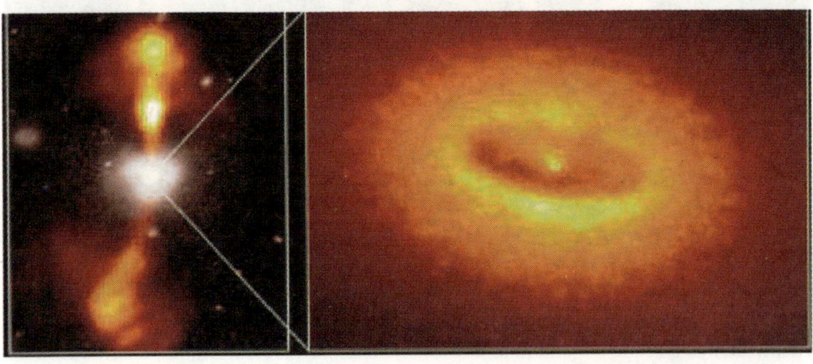

Figura 4: Foto tirada pelo telescópio espacial Hubble da galáxia NGC 4261 com seu centro destacado à direita. Os jatos de gás e poeira vistos à esquerda possuem aproximadamente 90 mil anos-luz e denunciam a provável existência de um superburaco negro em seu núcleo. Cortesia da Nasa/STScI.

O centro de nossa galáxia está na direção da constelação de Sagitário. Observando-se a trajetória das estrelas ao redor da sub-região Sagitário A*, concluiu-se que há cerca de 4 milhões de massas solares concentradas num raio de menos de 17 horas-luz.[1] Essa revelação levou o astrofísico alemão Reinhard Genzel (1952) e a astrônoma norte-americana Andrea Ghez (1965) a receberem o prêmio Nobel de Física em 2020.

Para se ter uma ideia, esse tamanho é da ordem do raio do nosso sistema solar, que possui uma única estrela: o Sol. Seria

1 Uma hora-luz é a distância percorrida pela luz em uma hora.

possível que no centro da galáxia mais de 4 milhões de estrelas estivessem em órbita numa região do tamanho de nosso sistema solar? Tudo indica que esse sistema não seria estável. Outra hipótese fora de questão seria imaginar uma estrela convencional com toda essa massa concentrada. Impossível! A explicação mais plausível volta a ser a de que o que existe no centro da Via Láctea é um buraco negro, mas, neste caso, um superburaco negro. Outras galáxias hospedam buracos negros com até bilhões de massas solares, e se tem notícia de galáxias com dois buracos gigantes no centro, um orbitando ao redor do outro. Provavelmente, cada um deles pertencia a uma galáxia diferente que em algum momento acabaram se fundindo numa única, que é a que vemos hoje. Como esses buracos negros se formam e *que* simbiose com as galáxias hospedeiras os levam a se tornarem gigantescos são ainda tema de debate.

Mas será que podemos observar buracos negros vagando solitariamente pelo cosmos? A resposta é afirmativa, apesar de não ser nada fácil. Como já vimos, segundo a relatividade de Einstein, corpos massivos curvam raios de luz quando passam por suas imediações devido à curvatura do espaço-tempo. Quanto mais massivo o corpo, maior a deflexão da luz. Assim, podemos obter muita informação sobre a fonte defletora observando o comportamento de raios luminosos em suas imediações. Essa técnica sutil, usada no projeto experimental Macho de busca e identificação de "objetos massivos compactos e opacos no halo das galáxias", já identificou alguns candidatos a buracos negros.

12
Ver para crer: observando o "inobservável"

Tudo isso é muito interessante, mas apenas uma confirmação "material" do próprio horizonte de eventos poderia ser considerada uma evidência direta da existência de buracos negros. O que seria esta confirmação "material"? Dizem que uma imagem vale por mil palavras; então, por que não fotografar um buraco negro? Ou melhor, por que não fotografar sua sombra causada pela subtração de parte da luz emitida em seus arredores que, em vez de nos alcançar, é absorvida pelo buraco?

A ideia parece boa, mas para se ter noção de quão difícil isso seria, basta dizer que um dos melhores candidatos a "modelo fotográfico" está no centro de outra galáxia, a M87 (ver Figura 5, à esquerda).

Já havia evidências indiretas da existência de um buraco negro ativo na galáxia M87 com uma massa de bilhões de sóis. Com tal massa, seu horizonte de eventos teria um raio enorme, talvez maior do que o raio do nosso próprio sistema solar. Essa é a boa notícia. A má é que M87 está tão distante daqui, a cerca de 54 milhões de anos-luz, que precisaríamos de um telescópio com o diâmetro da Terra para termos resolução suficiente para distinguir o buraco negro em seu centro.

Quem em sã consciência levaria a sério construir um telescópio com o diâmetro da Terra? No entanto, foi basicamente isso o que a colaboração Event Horizon Telescope (EHT, Telescópio Horizonte de Eventos, em português) fez combinando as observações de oito radiotelescópios espalhados pelo planeta. O resultado desse esforço colossal foi a primeira "fotografia" de um buraco negro (ver Figura 5, à direita). A imagem parece um pouco "borrada" por conta de limitações tecnológicas, mas à medida que mais telescópios forem se integrando ao consórcio, ela se tornará cada vez mais nítida.

Mas o que estamos vendo exatamente nesta imagem? Grosso modo, vemos um disco de gás quente orbitando no sentido horário (assim como visto da Terra) e o buraco ao centro. O buraco também tem algum *spin*, mas ele é pequeno o suficiente para podermos desconsiderá-lo. As partes mais claras no disco indicam que a luz foi emitida pelo gás quando este se movia em nossa direção, fazendo com que ela chegue à Terra com mais energia.

Nas vizinhanças do horizonte de eventos, o campo gravitacional é intenso demais para que partículas sustentem órbitas estáveis. Isso leva toda a matéria que chega perto o suficiente do horizonte a espiralar rapidamente para o interior do buraco. Por isso, há certo vazio entre o disco de acréscimo e o horizonte de eventos.

Entre o disco de acréscimo e o horizonte de eventos está localizada uma região muito importante, chamada de *esfera fotônica*, ao redor da qual raios de luz poderiam, em princípio, orbitar o buraco. O problema é que tais órbitas são instáveis, o que faz que, na prática, os raios de luz acabem entrando no horizonte ou escapando para o infinito. São precisamente estes últimos raios que conseguem escapar que determinam a fronteira mais interna do anel luminoso. O raio da mancha escura no centro da foto, no entanto, é um pouco maior que o raio da esfera fotônica, devido à distorção provocada pela curvatura do espaço-tempo. Como a esfera fotônica é ainda maior que o raio do horizonte de eventos, a mancha escura no centro da foto deve ser entendida como a sombra do buraco de M87 projetada sobre o fundo luminoso do disco de acréscimo.

A partir da imagem obtida pela colaboração EHT foi possível determinar que a massa do buraco negro de M87 equivale a cerca de 6 bilhões de sóis. Tal massa é enorme mesmo para os padrões dos buracos negros supermassivos encontrados no centro das galáxias.

Figura 5: À esquerda, foto tirada pelo telescópio espacial Hubble da galáxia M87 com seu centro destacado. À direita, imagem obtida pela colaboração EHT do buraco negro em seu centro.

13

Por quem os sinos dobram: buracos negros e ondas gravitacionais

Há outra forma distinta de detectar o horizonte de eventos, não pelo que falta em ondas eletromagnéticas, mas pelo que sobra em ondas gravitacionais. Ondas gravitacionais?! Em geral, massas em movimento acabam provocando ondulações no próprio espaço-tempo. Essas ondulações se propagam como ondas e, por terem origem espaçotemporal, são denominadas gravitacionais. Em geral, são muito tênues para serem observadas no dia a dia porque os corpos com os quais lidamos tem pouca massa. Mas a história é muito diferente quando falamos de objetos superdensos, como estrelas de nêutrons e buracos negros. Esses monstros celestes, quando perturbados, podem emitir quantidades consideráveis de ondas gravitacionais que carregam em seu perfil as características das fontes que as geraram. No caso de buracos negros, a propriedade que nos interessa é o horizonte de eventos. Uma das mais fortes evidências indiretas de que ondas gravitacionais existem se deve aos físicos norte-americanos Russell Hulse (1950) e Joseph Taylor (1941). Na página da organização Nobel, que agraciou, em 1993, Hulse e Taylor com o Nobel de Física, está escrito que eles receberam a honraria "pela descoberta de um novo tipo de pulsar, uma descoberta que abriu novas possibilidades para o estudo da gravitação".

O que é um pulsar? Pense num núcleo atômico feito só de nêutrons, mas com a massa de uma estrela, raio de alguns quilômetros e rodando ao redor de seu próprio eixo até mil vezes por segundo e terá uma ideia do que é um pulsar. Estas esferas superdensas emitem um feixe de luz muito intenso a partir dos polos magnéticos que precessiona como um pião devido à rotação do pulsar. Quando o "farol" emitido pelo pulsar passa pela Terra, ele é avistado como um surto (*flash*) de luz em nossos telescópios. O intervalo de tempo entre a chegada de surtos consecutivos acaba funcionando como um relógio astronômico muito preciso.

O primeiro pulsar foi descoberto em 1967 pelo astrofísico inglês Antony Hewish (1924), rendendo-lhe o Nobel de Física em 1974. Mas o pulsar de Hulse e Taylor era ainda mais especial porque, além de tudo, formava um sistema binário com uma estrela companheira de massa semelhante. Mais do que isso, como o pulsar de Hulse e Taylor e sua companheira distam apenas umas poucas vezes a distância da Terra-Lua, eles possuem um movimento de translação muito rápido. Segundo a relatividade geral, a valsa efetuada pelas duas estrelas dançarinas deveria levar à emissão de ondas gravitacionais e a energia que elas carregariam seria responsável pela mútua aproximação entre o pulsar e sua estrela companheira. Essa previsão não só foi confirmada no sistema binário de Hulse e

Taylor, mas também consiste hoje num dos testes mais precisos da física.

A descoberta de Hulse e Taylor, apesar de notável, oferecia "apenas" uma evidência indireta da existência de ondas gravitacionais. No entanto, ao longo das últimas décadas foram construídos diversos observatórios ao redor do mundo com o intuito de obter uma medição direta das ondas gravitacionais. O principal deles é o do Observatório de Ondas Gravitacionais por Interferometria a Laser (Ligo – Laser Interferometer Gravitational-Wave Observatory) e é, provavelmente, o experimento mais fino já realizado pela humanidade. Ele é capaz de detectar variações de tamanho menores que o raio de um próton em distâncias de 4 quilômetros. Como isso é possível? A resposta é: *interferometria*.

O Ligo consiste em dois observatórios gêmeos localizados nos Estados Unidos; um em Hanford, no estado de Washington, e o outro a 3 mil quilômetros de distância, em Livingston, no estado da Louisiana. Cada observatório tem dois braços, perpendiculares entre si, com 4 km de comprimento cada. A ideia consiste em fazer dois feixes coerentes de laser viajarem ao longo dos dois braços, serem refletidos nas extremidades e recombinados na volta, onde um detector mede o brilho do feixe resultante. Em condições normais, a intensidade do feixe medida pelo detector é nula, pois o aparato é calibrado para que os dois feixes interfiram destrutivamente. Contudo, qualquer minúscula perturbação no aparato que mude o tamanho relativo dos braços faz que os feixes resultantes interfiram de modo não destrutivo, dando origem a um sinal não nulo no detector. O Ligo é capaz de medir variações relativas de comprimento entre os braços de uma parte em 10^{21} (1 seguido de 21 zeros). Para se ter uma ideia do que isso significa, se conseguíssemos medir a distância do Sol ao centro da galáxia com esta mesma precisão, nossa incerteza seria de um punhado de centímetros. No entanto, atualmente, nossa margem de erro é de centenas de trilhões de quilômetros.

Por conta de sua extrema sensibilidade, é necessário isolar o Ligo de quaisquer perturbações frívolas do mundo terreno, como a minúscula trepidação causada pela hora do *rush* em autoestradas próximas, e esperar pacientemente pela passagem de alguma onda gravitacional forte o suficiente para que possa ser detectada. A passagem da onda gravitacional distorce o espaço-tempo fazendo que distâncias no plano ortogonal à direção de propagação sejam alteradas. Como resultado, os braços oscilam alternadamente entre si: quando um aumenta o outro diminui e vice-versa. A partir do sinal gerado por essa oscilação, não só sabemos que uma onda passou pela Terra, mas também quais são as propriedades da fonte que a gerou.

Em 14 de setembro de 2015, os dois observatórios Ligo mediram, com uma diferença relativa de cerca de 10 milissegundos, a passagem de uma onda gravitacional. Essa diferença se deve ao tempo que a onda, que se move à velocidade da luz, leva para percorrer a distância entre os observatórios.

As ondas medidas foram geradas pela fusão de dois buracos negros – um deles com 36 vezes a massa do Sol e o outro,

29 vezes – dando origem a outro com 62 massas solares. Esse evento ocorreu a 1,3 bilhão de anos-luz de distância. A fusão em si durou menos de meio segundo e liberou uma energia equivalente à massa de três sóis. Durante esse breve período, a energia liberada na forma de ondas gravitacionais foi maior que a energia emitida por todas as estrelas juntas do universo observável. Sim, ondas de espaço-tempo carregam energia!

"Senhoras e senhores, nós medimos ondas gravitacionais. Nós conseguimos!" Foi assim que em 11 de fevereiro de 2016, às 13h30 no horário de Brasília, David Reitze (1961), diretor-executivo do Ligo, anunciou que pela primeira vez tínhamos uma detecção direta de ondas gravitacionais. Um feito monumental não só por confirmar a existência dessas elusivas ondulações do próprio espaço-tempo, como também por abrir uma nova janela para observarmos o universo.

De fato, desde o anúncio inicial, diversas outras observações de ondas gravitacionais foram reportadas, indo desde novas colisões entre buracos negros até uma entre duas estrelas de nêutrons que produziu uma explosão curta de raios gama, medida simultaneamente pelos telescópios espaciais Fermi e Integral. É como se até agora estivemos surdos para o universo e subitamente começássemos a ouvi-lo por meio das ondas gravitacionais.

O evento de 14 de setembro de 2015 é considerado a primeira detecção direta da existência de buracos negros, pois o sinal observado carrega a impressão digital dos buracos que deram origem à onda gravitacional.

Em 2017, "por contribuições decisivas para o detector Ligo e a observação de ondas gravitacionais", o físico alemão Rainer Weiss (1932) e os físicos norte-americanos Barry Barrish (1936) e Kip Thorne (1940) receberam o prêmio Nobel de Física.

14
Surpresas de um sexagenário: buracos negros não são negros

A física moderna foi erigida em torno de duas pilastras. A primeira, da qual já comentamos longamente, é a teoria da relatividade geral. A segunda é a mecânica quântica, que descreve fenômenos na escala microscópica. Um dos grandes desafios atuais da Física é compatibilizar a relatividade geral e a mecânica quântica em alguma teoria consistente de gravitação quântica. Essa teoria, ainda desconhecida, compatibilizaria, então, a interação gravitacional com os princípios da mecânica quântica. Até meados da década de 1970, com exceção das singularidades, ninguém acreditava que a mecânica quântica tivesse algo a dizer sobre os buracos negros. Todos estavam acostumados a pensar nela como pertinente para descrever os átomos e seus constituintes; enfim, o mundo microscópico, e não carros, edifícios ou buracos negros. Mas uma grande surpresa aguardava a comunidade científica.

Para entendermos isso, devemos retroceder até 1970. No início dessa década, o físico norte-americano Robert Geroch (1942) deu um seminário na Universidade de Princeton acusando os buracos negros de violarem uma das leis mais bem-sucedidas de toda a Física, a segunda lei da termodinâmica. Em essência, essa lei afirma que a desordem de um sistema isolado tende sempre a aumentar. É por causa dela, por exemplo, que acordamos despenteados por mais que escovemos o cabelo antes de irmos para a cama (nunca o contrário!). Essa desordem é codificada em uma grandeza chamada entropia. Por exemplo, as cinzas e fumaça resultantes da queima de um livro (que esperamos não seja este!) terá uma entropia, ou seja, uma desordem maior do que a do livro original. O problema é que buracos negros pareciam violar esta lei, pois bastaria, no final, empurrar todas as cinzas e fumaça, juntamente à radiação produzida, para dentro do buraco e assim toda a entropia da combustão se perderia no interior do horizonte de eventos. Se essa entropia não pudesse mais ser medida depois de entrar no buraco, a segunda lei perderia totalmente o sentido.

Insatisfeito com esse estado das coisas, o físico mexicano Jacob Bekenstein (1947-2015), que trabalhou em conceituadas universidades de Israel, resolveu reagir, em 1973, inspirado em um resultado deduzido dois anos antes, quando o físico inglês Stephen Hawking (1942-2018) demonstrou que buracos negros não só eram indestrutíveis, mas também que a área total de um conjunto isolado de buracos negros não poderia diminuir por nenhum processo clássico. Bekenstein, então, resolveu postular uma conjectura que era tão engenhosa quanto revolucionária: buracos negros também teriam entropia e ela seria proporcional à área do horizonte de eventos. Se a soma da área dos buracos negros não podia diminuir, como

Hawking deduzira em seu trabalho de 1971, então a conjectura de Bekenstein garantiria que a entropia total de um conjunto isolado de buracos negros nunca diminuiria. E mais: Bekenstein postulou, no mesmo trabalho de 1973, a segunda lei generalizada da termodinâmica, em que, num sistema isolado, a entropia total na forma de matéria ordinária e na de buracos negros nunca diminuiria. Então, toda vez que matéria ou energia (e, portanto, informação) caísse no buraco, aumentando o seu tamanho, sua entropia também aumentaria, garantindo que a entropia do universo nunca diminuísse.

"Heresia!", reagiram alguns. Se buracos negros tivessem entropia, eles também deveriam possuir outros atributos termodinâmicos, como temperatura, o que significa que deveriam emitir radiação. Mas isso era absurdo! Nada poderia sair de um buraco negro.

Hawking estava realmente determinado a demonstrar que Bekenstein, o jovem pupilo de John Wheeler, estava errado. Como fazê-lo? Teria que ser teoricamente, já que não temos buracos negros à disposição para se fazer experiências. O formalismo por ele usado seria o denominado gravitação semiclássica, um esquema que introduz de maneira conservadora alguns ingredientes de mecânica quântica à gravitação. Em 1974, Hawking fez uma descoberta surpreendente. Ao revisitar o processo de formação de buracos negros por colapso estelar, concluiu que no final do processo observadores estáticos distantes veriam um fluxo de partículas elementares provenientes do buraco negro. A energia para o processo de irradiação seria fornecida pelo próprio buraco que, em consequência, "evaporaria". O resultado de Hawking também indicava que o fluxo de partículas emitidas possuía uma temperatura bem definida. Essa, sim, era a grande surpresa! Para buracos negros estáticos, como o descoberto por Schwarzschild, a temperatura seria inversamente proporcional à massa. Quanto menor o buraco, maior sua temperatura e mais rápido ele deveria evaporar. Como bônus, o resultado de Hawking sustentava e completava a conjectura de Bekenstein: buracos negros teriam entropia, e ela seria proporcional à área do horizonte de eventos.

Afinal, como isso era possível? Não tinha sido o próprio Hawking que demonstrara em 1971 que buracos negros não podiam diminuir de tamanho? A resposta é sim, *mas* apenas se nos limitássemos a processos clássicos, ou seja, não quânticos. No entanto, a evaporação de buracos negros é um efeito eminentemente quântico. Para entendermos melhor tudo isso, precisamos antes esclarecer o que é o vácuo quântico. Nada captura melhor a complexidade da física moderna do que a riqueza contida neste que é o mais simples estado da natureza.

O vácuo é comumente associado ao estado que emerge ao se excluir toda a matéria de uma dada região, mas sendo o vácuo o estado de mínima energia, devemos, além de extrair as partículas de matéria, remover também as partículas de radiação. Os fótons, por exemplo, que são pacotes de energia associados às ondas eletromagnéticas, poderiam ser eliminados se baixássemos a temperatura até o zero absoluto (aproximadamente

-273 °C). Mas o que restaria depois de se extrair todas as partículas de matéria e radiação de uma dada região, levando-a ao mais perfeito vácuo? Segundo a mecânica quântica, o vácuo é povoado por uma legião de partículas, denominadas *virtuais*, que não podem ser removidas. Elas surgem e se aniquilam aos pares tão rapidamente que sua detecção direta é impossível. Segundo a mecânica quântica, para que uma partícula seja observada, ela deve existir pelo menos por certo intervalo de tempo mínimo – inversamente proporcional à sua energia –, o que não é obedecido pelas fugazes partículas virtuais.

Surge então a questão: se as partículas virtuais não são diretamente observáveis, por que deveríamos nos preocupar com elas? A resposta é simples: porque seus "efeitos colaterais" são observáveis. As partículas virtuais, apesar de não excitarem detectores de partículas, podem, entre outras coisas, conferir ao vácuo uma energia não nula, também denominada *energia de ponto zero*, com consequências bem reais. Nada melhor do que o efeito predito em 1948 pelo físico holandês Hendrik Casimir (1909-2000) para ilustrar. Segundo ele, duas placas metálicas paralelas, eletricamente neutras e com massas desprezíveis, atraem-se com o inverso da quarta potência da distância que as separa. A origem do fenômeno está no fato de que os fótons virtuais entre as placas são suprimidos à medida que as placas metálicas se aproximam, levando a uma diminuição da energia do vácuo. Então, devido ao *princípio de minimização de energia*, o vácuo gera uma força atrativa. Surpreso? Incrédulo? Bem, o efeito Casimir foi confirmado em laboratório com grande precisão.

Apesar de as partículas não poderem ser detectadas diretamente enquanto forem virtuais, elas passam a ser *se* forem "materializadas". Uma forma de "materializar" fótons virtuais é acelerando espelhos, como mostrou, em 1970, o físico norte-americano Gerald Moore (1943). A única restrição é que essa aceleração não seja uniforme. Estes espelhos, então, dão uma "raquetada" nos fótons virtuais que povoam o vácuo, trazendo-os à realidade. É claro que há um custo, que é pago pelo agente que acelera o espelho, que perde energia nesse processo.

O efeito Hawking pode ser visto como uma versão mais dramática do efeito Moore, também chamado de *efeito Casimir dinâmico*. O colapso de uma estrela dando origem a um buraco negro afeta drasticamente o campo gravitacional ao redor do horizonte de eventos que, por sua vez, perturba o vácuo quântico. A radiação Hawking surge como uma consequência da materialização de algumas partículas virtuais que ocorre no processo. Como todas as formas de matéria e energia sentem a gravitação do mesmo modo (essa é a essência do princípio da equivalência que vimos no começo do livro), a radiação Hawking é formada por um fluxo de partículas de todos os tipos. É fácil entender, então, porque buracos negros devem evaporar: a energia para materialização destas partículas precisa vir de algum lugar. Nesse caso, vem da massa do próprio buraco. Infelizmente, para buracos negros com a massa do Sol, a temperatura seria de apenas cerca de 60 bilionésimos acima do zero absoluto, e quanto maior o buraco negro, menor ainda a temperatura, o que torna esse fenômeno difícil de ser observado. Pena que a natureza não parece ter mecanismos eficientes para criação de miniburacos negros que teriam uma temperatura Hawking muito maior e mais fácil de ser analisada.

Se, por outro lado, tivéssemos um buraco negro disponível para experimentação, poderíamos usar a estratégia de nos aproximarmos dele para medir mais facilmente a radiação. Isso porque quanto mais próximo do horizonte, maior sua temperatura. Mas como estamos ainda longe de podermos usar buracos negros em experiências, temos por enquanto de nos fiar nos excelentes indícios teóricos à disposição para sustentar esse efeito.

Se você acha isso interessante, então vai gostar mais ainda do que segue. Dois anos mais tarde, em 1976, o físico canadense William Unruh (1945) fez uma descoberta surpreendente. Apesar de observadores parados muito próximos de um buraco negro detectarem a radiação com uma temperatura enorme, observadores caindo livremente não veriam virtualmente nada. Como isso é possível?

O chamado efeito Unruh veio explicar uma série de resultados estranhos obtidos anteriormente pelos físicos norte-americano Stephen Fulling (1945) e inglês Paul Davies (1946). Segundo o efeito Unruh, observadores com aceleração uniforme em um estado que é visto como vácuo pelos observadores inerciais (livres de forças) sentem-se imersos num "banho térmico" contendo todas as partículas elementares com uma temperatura proporcional à sua aceleração. Portanto, enquanto observadores inerciais no espaço sideral congelam no vácuo, próximos da temperatura de zero absoluto, observadores suficientemente acelerados se queimariam no banho térmico a que estão sujeitos em seu próprio referencial. O efeito Unruh ilustra como observadores uniformemente acelerados podem ter acesso concreto a partículas que os inerciais dizem serem virtuais. Partículas elementares não são absolutas, elas dependem de observador.

Se o efeito Unruh parece, aos olhos do leitor, espetacular demais para ser verdade, saiba que é mesmo surpreendente. O efeito Unruh mostrou-se tão contraintuitivo que dúvidas vinham sendo levantadas a respeito de sua realidade; o melhor seria acelerar-se o suficiente para sentir o efeito diretamente na pele. Infelizmente, nenhum observador resistiria a tais acelerações. Para atingir 1 °C acima do zero absoluto às custas do efeito Unruh, precisaríamos de uma aceleração de 100 bilhões de bilhões de vezes maior que a da gravidade na Terra. Ou seja, temos que usar outra estratégia. Que tal submetermos uma partícula elementar a tais acelerações e ver como ela se comporta?

Segundo a teoria padrão das partículas elementares, confirmada experimentalmente com enorme precisão, prótons livres são estáveis, ou seja, nunca se desintegram. Experimentos atuais garantem que se prótons não forem estáveis, eles precisariam de, pelo menos, bilhões de bilhões de anos mais do que a própria idade atual do universo – que já é de cerca de 14 bilhões de anos – para se desintegrarem. No entanto, isso não é verdade para prótons acelerados, isto é, prótons acelerados podem se desintegrar. Para simplificar, vamos considerar apenas acelerações uniformes. Segundo observadores parados no laboratório, um próton uniformemente acelerado poderia se desintegrar em um nêutron, emitindo um pósitron e um neutrino:

(a) *próton* → *nêutron* + pósitron + neutrino.

O *pósitron* é um elétron com carga invertida, também chamado antielétron, enquanto o *neutrino* lembra um elétron sem carga e com massa muito (muito!) menor.

Acontece que a desintegração ou não de um próton deve ser vista como um fato universal. Assim, hipotéticos observadores "caronistas" no próton têm que obter a mesma taxa de desintegração calculada por seus colegas no laboratório, com o cuidado de levar em conta o efeito da dilatação temporal da relatividade restrita. De fato, isso é possível, mas apenas se lançamos mão do efeito Unruh; caso contrário, os observadores "caronistas" não conseguiriam explicar a desintegração do próton. Portanto, sem o efeito Unruh, chegaríamos à situação paradoxal na qual diferentes observadores discordariam sobre a desintegração de prótons acelerados. A realidade do efeito Unruh é necessária para manter a própria consistência da natureza.

Vale notar que a despeito de o efeito Unruh garantir a perfeita concordância encontrada pelos dois times de observadores sobre a taxa de desintegração de prótons acelerados, suas versões para o fenômeno são completamente diferentes. Segundo os observadores "caronistas", o próton não se transformaria em nêutron pela reação (a), mas pela absorção de elétrons e antineutrinos que o efeito Unruh garante existir no "banho térmico", no qual o próton acelerado está imerso em seu próprio referencial. A energia excedente é descartada em forma de neutrinos e pósitrons. Mais precisamente, para os observadores "caronistas", a conversão do próton em nêutron pode ser vista como devida a uma das reações a seguir:

(b) *próton* + elétron → *nêutron* + neutrino;
(c) *próton* + antineutrino → *nêutron* + pósitron;
(d) *próton* + elétron + antineutrino → *nêutron*.

A evolução da física tem nos ensinado que a descrição de muitos fenômenos que pareciam independer do observador, na verdade, dependem, sim, de quem faz a medida. Mas o valor que cada observador obtém para cada experiência distinta continuará tendo uma realidade objetiva e um caráter absoluto.

Que a relatividade não seja usada para se argumentar que "tudo é relativo", nem a mecânica quântica para dizer que "tudo é incerto"!

15
Octogenário no banco dos réus: desacato à "lei da conservação de informação"

Aos 80 anos, o buraco negro é fonte de nova controvérsia. A mecânica quântica, que trouxe à luz o efeito Hawking, pareceu, a muitos, estar sendo ameaçada por sua própria criação. Se por um lado a radiação Hawking deu sustentação ao fato de buracos negros possuírem entropia, salvando a segunda lei da termodinâmica, por outro, ela parecia desafiar a lei de conservação da informação.

A Biblioteca de Alexandria foi durante séculos o maior centro de saber do mundo antigo. Fundada no século III a.C., seu acervo deve ter chegado a ter até 700 mil manuscritos. No final do século IV d.C., com o decreto bestial de Teófilo, bispo de Alexandria, ateou-se fogo em tudo. A informação acumulada ao longo de séculos fora destruída pelas chamas. Mas fora destruída mesmo?

Uma característica crucial das leis fundamentais, que acreditamos regerem a natureza microscópica, é o fato de elas não permitirem a destruição de qualquer informação contida num sistema isolado. Uma vez conhecidas todas as características de um sistema físico isolado em um dado instante, podemos tanto prever suas características futuras quanto dizer como era no passado. Sendo assim, o conhecimento detalhado, em certo instante, de todas as características "microscópicas", por exemplo, das cinzas de um livro incinerado juntamente com as da fumaça produzida e da radiação térmica emitida, seria suficiente, em princípio, para determinar todas as características que o livro tinha antes do fogo ser ateado. As informações não teriam sido destruídas, mas transformadas em uma forma menos organizada. Aqui não está em discussão quão difícil na prática seria recuperá-las.

Esse exemplo ilustra uma propriedade aparentemente geral da natureza: embora possa evoluir para uma forma menos organizada (com mais entropia) e, possivelmente, inacessível "para todos os propósitos práticos", a informação que caracteriza completamente um sistema físico é conservada. As leis da natureza, sejam elas clássicas ou quânticas, impõem que, acessíveis ou não, as informações características de um sistema isolado não são destruídas.

Esperava-se que com os buracos negros as coisas não fossem muito diferentes, mas esse não é o caso. Suponhamos que, em vez de queimar a biblioteca de Alexandria, Teófilo a tivesse jogado em um buraco negro. (Claro que Teófilo não tinha condições práticas de fazê-lo, mas assuma por um momento que tivesse.) Se admitirmos que buracos negros evaporam por completo, tudo o que sobraria ao final seria a radiação por ele emitida. Acontece que sabemos que, se ela for exatamente térmica, não pode conter toda a informação originalmente depositada em seu interior. Assim, se Teófilo tivesse jogado a biblioteca de Alexandria no interior de um buraco negro, ele teria, em princípio, conseguido destruir sua informação de maneira irrecuperável.

"Heresia!", bradaram alguns. Incompreendidos e desprezados por anos, os buracos negros foram agora levados a júri por desacato à lei da conservação de informação.

Tem início o julgamento. "Buracos negros violam a sacrossanta lei da conservação da informação!", grita o promotor. "Por tal heresia, a promotoria pede pena máxima: excomunhão dos buracos negros do sagrado templo da ciência", finaliza laconicamente a acusação, com a confiança dos que sentem a vitória como certa.

Os populares na tribuna, instintivamente, se voltam ao advogado de defesa, um reconhecido relativista que não parece se abalar. Ele se levanta calmamente e, com voz firme e pausada, declara:

"Meu cliente não infringiu lei alguma!" E, sob os olhares incrédulos de todos, segue com sua argumentação: "A lei da conservação da informação diz explicitamente que a informação contida em um sistema isolado jamais poderá ser destruída. Sim, certamente não discordamos disso! No entanto, buracos negros não são sistemas isolados, eles possuem uma singularidade em seu interior, onde as leis da física não valem, pelo menos como as conhecemos. A singularidade funciona como um abismo espaçotemporal, uma 'borda' do espaço-tempo, o que torna o sistema eminentemente aberto, permitindo que a informação que entra no buraco 'vaze' por meio dela ou tenha nela seu derradeiro destino. Assim, não faz sentido acusá-lo de violar uma lei que nem mesmo é aplicável em contextos que o incluam. Acusar o buraco negro de violar alguma lei ao subtrair informação do universo após evaporar completamente, sem levar em conta que havia uma singularidade em seu centro, é como acusar pias de violarem a lei clássica de conservação de massa, sem levar em conta que a água escapa pelo ralo. A única diferença é que nós conhecemos as leis físicas que regem ralos, enquanto nada sabemos da física das singularidades. Aliás, não é por acaso que elas se chamam singularidades!"

"Se a informação acaba destruída pela singularidade, vai para um universo paralelo, volta de alguma forma para o nosso universo, fica estocada em algum remanescente final, ou outra coisa qualquer, ninguém pode afirmar. Mas, isso não vem ao caso neste julgamento! *O que vem ao caso é que meu cliente não violou lei alguma, pois o teorema da lei de conservação da informação não é válido na presença de singularidades!* Sendo assim, a defesa exige a restauração da reputação de meu cliente, e que os acusadores sejam acionados por calúnia e difamação."

O júri está deliberando, mas os autores deste livro, que acompanharam de perto todo o processo, não têm qualquer dúvida de qual é o veredito justo: INOCENTE!

16
A QUINTA SÍNTESE: SINFONIA INACABADA E BURACOS NEGROS

Para finalizar, não podemos deixar de falar algumas palavras sobre o possível papel que os buracos negros poderão ter na compreensão da própria origem do universo.

Como visto anteriormente, o mecanismo mais comum de formação de buracos negros é por colapso estelar. Os russos Vladimir Belinski (1941), Isaac Khalatnikov (1919-2021) e Evgeny Lifshitz (1915-1985) foram os primeiros, na década de 1960, a chamar a atenção de que o derradeiro colapso não se daria de forma uniforme e isotrópica, mas de maneira caótica e oscilatória. Aparentemente, durante as fases finais do processo de colapso, a estrela se distenderia em uma direção e se contrairia nas outras duas de maneira alternada até que seu volume se reduza a zero e toda a matéria da estrela origine a singularidade do buraco.

Quando questionamos a relatividade geral sobre como seria a estrutura do espaço-tempo na região interna de um buraco negro, ela nos dá respostas chocantes. Estamos nos referindo ao fato de que, num primeiro momento, a relatividade geral não descarta a possibilidade de que a região interna de buracos negros com rotação e/ou carga elétrica poderia conectar o nosso universo a outros universos "parecidos", que poderiam ter seus próprios buracos negros conectando-os a outros universos, e assim por diante num encadeamento infinito. Um viajante que conseguisse evitar a singularidade e alcançasse esse novo universo não poderia jamais voltar ao universo de onde partiu, pois essa passagem seria como uma catraca de sentido único. Mas ninguém deve se animar com essa possibilidade. Aparentemente, essa passagem é instável, fechando-se antes mesmo que a primeira partícula de poeira conseguisse atravessá-la. O fim de quem entra num buraco negro deve ser mesmo o de acabar na singularidade. Estudos teóricos sobre o tema continuam sendo desenvolvidos em vários centros ao redor do mundo.

Por que devemos nos preocupar com as singularidades dos buracos negros se elas estão escondidas dentro do horizonte de eventos? Em primeiro lugar, o simples fato de elas estarem lá é suficiente para despertar a curiosidade científica dos físicos. Em segundo lugar, pelo papel que vimos que desempenham no destino da informação no processo de evaporação de buracos negros. Em terceiro lugar, de acordo com a relatividade geral, poderia haver singularidades nuas, que são chamadas assim porque, ao contrário das singularidades que encontramos nos buracos negros, não estariam "vestidas" por nenhum horizonte de eventos. Essas singularidades, se existirem, poderiam, em princípio, ser investigadas experimentalmente. Os bravos pesquisadores poderiam se aproximar de forma arbitrária das singularidades nuas sem serem sugados por elas. Ao mesmo tempo, elas poderiam influenciar parte do universo de maneira imprevisível. Afinal, não sabemos qual é a física que as rege.

Inspirado nesse problema, Penrose lançou, em 1969, uma conjectura que rezava que singularidades nuas seriam tão imorais que deveria haver um censor cósmico que impedisse sua formação na natureza. Claro que Penrose não se referia a algum ente sobrenatural, mas a leis da natureza, ainda desconhecidas, que impediriam singularidades nuas de se formarem. Essa conjectura ficou conhecida como Conjectura da Censura Cósmica. Há inclusive uma folclórica aposta firmada entre Hawking, de um lado, e Thorne e o físico norte-americano John Preskill (1953), de outro, baseada no fato de que, até o momento, ninguém sabe se a relatividade geral possui algum mecanismo robusto de geração de singularidades nuas. A seguinte minuta é assinada pelos três:

> Sendo o fato que Stephen W. Hawking [...] acredita firmemente que singularidades nuas são um anátema e devem ser proibidas pelas leis clássicas da física, e sendo o fato que John Preskill e Kip Thorne [...] entendem as singularidades nuas como objetos gravitacionais quânticos que devem existir, despidos de horizontes, para todo o Universo ver; Hawking firma uma aposta contra Preskill e Thorne, que a aceitam [...]. O perdedor recompensará o vencedor com roupas para cobrir a nudez do vencedor [...].
>
> Pasadena, Califórnia, 5 de fevereiro de 1997.

Apesar de as singularidades serem verdadeiros abismos espaçotemporais no contexto da relatividade geral, muitos cientistas têm esperança de que elas tenham sua estrutura revelada por uma teoria consistente de gravitação quântica. Espera-se ainda que, no contexto da gravitação quântica, as singularidades se transformem de problema em solução e tragam a chave para um dos maiores mistérios da natureza, a "origem" do universo.

Segundo o atual modelo padrão da cosmologia, que tem tido incrível sucesso em explicar os dados observacionais, há cerca de 14 bilhões de anos, o universo era tão quente e denso que nenhuma lei da física que conhecemos hoje seria válida. Segundo a relatividade geral, o universo teria surgido numa singularidade espaçotemporal batizada de Big Bang. As singularidades dos buracos negros e o Big Bang guardam muitas semelhanças. Por exemplo, ambas são arbitrariamente densas e tanto o espaço quanto o tempo parecem perder o sentido nelas. Sendo assim, a compreensão de uma pode significar o entendimento da outra.

É difícil dizer para onde a jornada pela compreensão dos buracos negros vai nos levar. Talvez nos ensine algo novo sobre mecânica quântica. Talvez nos ensine algo diferente sobre o espaço-tempo. Quem sabe nos conduza diretamente à própria gravitação quântica. Seja como for, ela não nos permite esquecer quão rico e fascinante é o universo do qual temos o privilégio de ser parte. Não há como superestimar esse fato. Um brinde a isso!

Glossário

Big Bang: singularidade espaçotemporal a partir da qual, segundo a relatividade geral, o universo teria emergido. Também usado atualmente na cosmologia, num sentido mais vago, para se referir ao estágio ultradenso e quente a partir do qual a expansão do universo, como a entendemos, teria começado (mesmo que não seja uma singularidade).

buraco negro: região compacta no espaço de onde nem mesmo a luz consegue escapar por causa da presença de um intenso potencial gravitacional.

buraco negro de Kerr: buraco negro com rotação, mas eletricamente neutro.

buraco negro de Kerr-Newman: buraco negro com carga elétrica e rotação.

buraco negro de Reissner-Nordström: buraco negro com carga elétrica, mas sem rotação.

buraco negro de Schwarzschild: buraco negro sem carga elétrica nem rotação.

difração: desvio na direção de propagação de uma onda ao passar por um orifício ou obstáculo. Fenômeno exclusivo de ondas.

efeito de maré: termo originalmente usado para descrever as subidas e descidas diárias das marés provocadas pelo campo gravitacional da Lua sobre a Terra. É usado genericamente para descrever todo efeito de "espichamento" que o campo gravitacional de um corpo provoca sobre o outro, na direção entre eles.

efeito Penrose: efeito descoberto pelo físico inglês Roger Penrose com o qual é possível extrair energia de buracos negros em rotação.

efeito Unruh: efeito descoberto pelo físico canadense William Unruh que mostra que observadores com aceleração uniforme no vácuo detectam partículas, ao contrário de observadores inerciais.

entropia: grandeza que caracteriza a desordem de um sistema.

ergosfera: região externa ao horizonte de eventos e presente nos buracos negros com rotação, dentro da qual tudo necessariamente gira na mesma direção do buraco.

gravitação quântica: teoria ainda desconhecida que deve compatibilizar a interação gravitacional com os preceitos da mecânica quântica.

gravitação semiclássica: teoria efetiva que introduz alguns elementos quânticos na descrição da interação gravitacional. Foi fundada em meados da década de 1960 pelos físicos norte-americano Leonard Parker (1938) e russo Yakov Zel'dovich (1914-1987).

horizonte de eventos: fronteira (não material) que determina o limite do buraco negro.

inércia: tendência que os corpos possuem de manterem-se em movimento retilíneo e uniforme – ou seja, com velocidade constante – ou permanecerem parados, a menos que um "agente externo" interceda.

interferência: fenômeno onde duas ou mais ondas se sobrepõem para formar uma onda resultante, reforçando-se mutuamente em alguns pontos (interferência construtiva) e anulando-se em outros (interferência destrutiva). Fenômeno exclusivo de ondas.

mecânica quântica: teoria desenvolvida no início do século XX usada para descrever o mundo microscópico e que revolucionou nossa visão de mundo sobre os constituintes do universo.

observadores inerciais: observador livre de forças (exceto, possivelmente, a gravitacional).

onda eletromagnética: oscilação do campo eletromagnético que se propaga como uma onda com a velocidade da luz no vácuo.

pares virtuais: pares de partículas elementares que surgem espontaneamente do vácuo e voltam a se aniquilar tão rapidamente que são, por princípio, impossíveis de serem observadas diretamente.

pulsar: estrela formada predominantemente de nêutrons que gira rapidamente e emite grandes quantidades de radiação ao longo de seu eixo magnético.

radiação Hawking: radiação emitida por buracos negros e descoberta pelo físico inglês Stephen Hawking em 1974.

Relatividade: nome da teoria que descreve a unificação do espaço e tempo num uno denominado espaço-tempo e sua relação com a interação gravitacional.

singularidade: "regiões" onde, segundo a relatividade geral, tanto o espaço quanto o tempo perdem o sentido.

Sistema Solar: sistema formado pelo Sol e todos os demais corpos que o orbitam.

supernova: explosão titânica que caracteriza o final da vida de estrelas muito massivas.

Via Láctea: nome dado à nossa galáxia.

Sobre os autores

André Landulfo – Bacharel (2006) pelo Instituto de Física da Universidade de São Paulo (USP), doutor em Física (2011) pelo Instituto de Física Teórica da Universidade Estadual Paulista (Unesp). Possui pós-doutorado pela USP. Atualmente é professor adjunto do Centro de Ciências Naturais e Humanas da Universidade Federal do ABC (UFABC). Nasceu em 1982 em São Paulo (SP).

George Matsas – Bacharel (1985) pelo Instituto de Física da Universidade de São Paulo (USP), doutor em Física (1991) pelo Instituto de Física Teórica da Universidade Estadual Paulista (Unesp) e livre-docente (1999) pelo Instituto de Matemática da Universidade de Campinas (Unicamp). Atualmente é professor titular do Instituto de Física Teórica da Unesp. Nasceu em 1964 em São Paulo (SP).

Daniel Vanzella – Bacharel (1997) pelo Instituto de Física da Universidade de São Paulo (USP), doutor em Física (2001) pelo Instituto de Física Teórica da Universidade Estadual Paulista (Unesp) e livre-docente (2015) pelo Instituto de Física da

USP de São Carlos. Atualmente é professor associado do Instituto de Física da USP de São Carlos. Nasceu em 1975 em São Paulo (SP).

Os autores trabalham na interface da relatividade geral com a mecânica quântica e possuem particular interesse pela física de buracos negros e cosmologia.

SOBRE O LIVRO

Formato: 14 x 21 cm
Mancha: 24,6 x 38,4 paicas
Tipologia: Adobe Jenson Regular 13/17
Papel: Off-white 80 g/m² (miolo)
Cartão supremo 250 g/m² (capa)

1ª edição Editora Unesp: 2021

EQUIPE DE REALIZAÇÃO

Edição de texto
Maísa Kawata (Copidesque)
Jennifer Rangel de França (Revisão)

Capa
Marcelo Girard

Editoração eletrônica
Sergio Gzeschnik

Assistência editorial
Alberto Bononi

Impressão e Acabamento